Beiträge

zur

Meeresfauna der Insel Mauritius und der Seychellen.

Foraminifera von Mauritius

von

K. Möbius.

Mit 14 Tafeln.

BERLIN 1880

Reprinted by:
ANTIQUARIAAT JUNK

Softcover reprint of the hardcover 1st edition 1980

ISBN 978-94-017-6465-0   ISBN 978-94-017-6608-1 (eBook)
DOI 10.1007/978-94-017-6608-1

Möbius: Foraminiferen von Mauritus.

This beautiful illustrated work deals mainly with the Foraminifera of the Fouquet-rif in the western area of the Isle of Mauritius, where Möbius spent several months studying many living species. He studied the inner structure of many samples by means of preparations of sections impregnated with fuchsine. His description of Halphysema tumanowsczii froms an outstanding instance of a thorough study of a living Foraminifer.

Möbius was the first student who observed pores in the walls of some agglutinated Foraminifera. He described these pores exhaustively in the species named by him as Textularia agglutinans d'Orbigny.

Lacroix (1931: Bull. Inst. Océan. Monaco, no. 582) also found pores in these species formerly described as Textularia, and later by Hofker (1951: Siboga-Repts., IVa, pt. 3) they were incorporated in the genus Valvotextularia. In 1966 Nörvang changed the name again in Textilina.

Möbius' descriptions of Amphistegina lessoni d'Orbigny and Polystomella (now Elphidium) crispum Lamarck are unequalled, as is his analysis of the canal system. The discovery of Heterostegina tuberculata Möbius as a living species is also remarkable. Furthermore, he found a Heterostegina with alar prolongations of the chambers, which were partly subdivided into chamberlets: H. curva Möbius. All three species have also been found in the East Indian Archipelago by the author of the introduction to this reprint, so that obviously they occur over the whole Indian Ocean.

The species Rotalia defrancei d'Orbigny, now known as Pararotalia, has an interlaminal canal system which was first discovered by Möbius.

Dr. J. Hofker   Spring 1970
The Hague, Netherlands

Einleitung.

In dieser Abhandlung werden im Ganzen 43 Arten mariner Foraminiferen von Mauritius angeführt, welche 24 verschiedenen Gattungen angehören. Beschrieben und abgebildet sind 39 Arten. Von den meisten konnte ich erst in Kiel nur noch die Schale untersuchen.

Die Abbildungen veranschaulichen den Bau der Schalen fast sämmtlicher Hauptgruppen der Foraminiferen in einer solchen Weise, dass sie, wie ich glaube behaupten zu dürfen, zur Ergänzung der bestillustrirten Foraminiferenschriften werden dienen können.

Von allen grösseren undurchsichtigen Schalen wurden Dünnschliffe auf feinen Schleifsteinen und dann auf lithographischem Schiefer angefertigt, wobei mir einer meiner Schüler, Herr Dr. W. Giesbrecht aus Danzig dankenswerthe Hülfe geleistet hat. Zum Einbetten der Foraminiferen diente Canadabalsam oder noch besser Schellack. Um die Kammerhöhlungen und die Kanäle deutlicher zu machen, wurden die Dünnschliffe 12—24 Stunden in alkoholische Fuchsinlösungen gelegt, und dann das Fuchsin durch Wasser niedergeschlagen. An den Oberflächen des Schliffes haftende Fuchsintheile wurden durch einige Schleifzüge entfernt, dann der Schliff an der Luft vollkommen getrocknet und endlich in Canadabalsam gelegt.

In den Beschreibungen spiralgewundener Foraminiferenschalen spreche ich von einer oralen und aboralen, von einer rechten und linken, einer dorsalen und ventralen Seite. Diese Bezeichnungen sind besser geeignet, als die Ausdrücke „obere und untere, vordere und hintere Seite", bestimmte Vorstellungen von der Form und den Theilen der Schale zu erwecken, wenn man sich diese so vor sich hingestellt denkt, dass ihre Mündung, ihre letzte Kammer oder ihre letzte Kammerreihe dahin gekehrt ist, wohin man selbst das Gesicht wendet.

Die Bildung von Hüllen oder Schalen mit gesetzmässig wiederkehrenden Formen scheint im Widerspruch mit der hochgradigen Plasticität des weichen Körpers der Rhizopoden zu stehen. Allein das Auftreten von Tausenden und Hunderttausenden in ihrer äussern Form und in ihrem innern Bau übereinstimmender Schalen beweist uns, dass in dem mikroskopischen Sarkodekügelchen, welches in dem kleinen Raum der Keimkammer Platz findet, schon eine ganz bestimmte hüllenformende Kraft enthalten sein muss.

Es ist anzunehmen, dass die Schale eines Rhizopoden diejenige Form erhält, welche die Hauptmasse seines Sarkodeleibes im behaglich ruhigen Zustande annimmt; denn in diesem Zustande wird die die Schalenstoffe ausscheidende Leibesmasse längere Zeit hindurch verharren, als in jedem andern Zustande.

Die Kugelform ist die einfachste Hüllenform, mit welcher sich eine mikroskopische, weichplastische Sarkodemasse umgeben kann. Sie ist nur ausführbar bei Organismen, welche frei in einer Flüssigkeit schweben. Bilden kugelförmige Sarkodewesen einen Stiel an ihrer Schale, mit welchem sie sich festsetzen, so treten sie aus dem Zustande der freien Kugelform über in den Zustand polarer Fixirung. Rhizopodenkeime, welche sich an feste Fremdkörper dauernd anlegen, müssen ihre anliegende Seite nach der Oberfläche derselben formen.

Kriechende Rhizopoden, welche nur von einem Pole ihres Sarkodeleibes Pseudopodien aussenden, während der andere Pol kugel- oder eiförmig abgerundet bleibt, bilden sich eine kugel- oder eiförmige Hülle mit einer grösseren Mündung (Gromia).

Streckt sich der wachsende Sarkodeleib walzlich und biegt er sich dabei spiralig, so entsteht eine spiralige Schale mit einer einzigen Höhlung (Cornuspira, Taf. II, 3).

Aus welchen Ursachen entstehen Abtheilungen, sogenannte Kammern, in der Foraminiferenschale?

In der Kammerbildung drückt sich ein bestimmtes Maass des Concentrationsvermögens der Sarkodemasse des Weichkörpers aus.

Die erste Kammer vieler untersuchten mehrkammerigen Foraminiferen pflegt sphärisch, eiförmig oder linsenförmig zu sein. Sie kann diese Formen erhalten, weil sie fast allseitig freiliegt. Die Form der nachfolgenden Kammern weicht, in Folge der Anlagerung und des Wachsthums, in immer höheren Graden von der Form der Keimkammer ab (Miliolina, Taf. II, 5; Amphistegina, Taf. X und XI).

Die Sarkodemasse, welche eine neue Kammerhülle abscheidet, ist eine Knospe ihrer Vorgängerin. Sie besitzt in der Regel ein räumlich etwas weiter reichendes Concentrationsvermögen als diese, denn sie bildet sich eine etwas grössere Hülle, wahrscheinlich in Folge mehr gesteigerter Ernährung.

Die Gänge, welche die Scheidewände der Kammern durchsetzen, sind die Wege der Sarkodestränge, durch welche die benachbarten Kammerleiber mit einander in Verbindung bleiben. (Peneroplis, Taf. III, 12; Polytrema, Taf. VII, 8, g; Heterostegina, Taf. XIII, g).

Die Porenkanäle in der Schale sind radiäre Wege für die Sarkode nach aussen. In der Richtung der Porenkanäle ist das Streben der Pseudopodien ausgedrückt, auf dem möglichst kürzesten Wege ins Freie zu gelangen; denn die Porenkanäle sind nur dann gebogen, wenn sie durch anlagernde Wände anderer Kammern gehindert werden, in gerader Richtung die Aussenfläche ihrer eigenen Kammerwand zu erreichen (Carpenteria, Taf. VI, 2; Rotalia, Taf. XIV, 7).

Die Bildung von Porenkanälen in der Schalenwand ist der Ausdruck einer gesteigerten Lebensthätigkeit im Vergleich mit der Lebensthätigkeit von Foraminiferen mit porenlosen Schalen; denn durch Porenkanäle wird der Verkehr der Sarkode mit der Aussenwelt umfangreicher und mannichfaltiger, als durch eine einfache Schalenmündung allein. Noch mehr gesteigert wird die Lebensthätigkeit des Weichkörpers durch die Ausbildung eines Kanalsystems in der Zwischenkammermasse, denn durch dieses Kanalsystem werden auch der Sarkode im Innern der Schale Wege nach aussen offen gehalten. (Rotalia, Taf VI; Heterostegina, Taf. XIII).

Nach dieser stufenweisen Vervollkommnung der Hülle lasse ich die hier behandelten Foraminiferen von Mauritius aufeinander folgen.

Die erste Abtheilung bilden die Imperforata. Ich beginne mit Haliphysema Tumanowiczii (Taf. I), einem Rhizopoden mit kugelförmigem, gestieltem Sarkodeleib, welcher Fremdkörper zur Verstärkung einer dünnhäutigen chitinösen Hülle verwendet. Weil er Stöcke bildet, so steht er auf einer niedrigeren Stufe als andere Rhizopoden mit Fremdkörperhülle, welche nur in einfachen Individuen auftreten.

Ein solcher ist Rhaphidohelix eligans (Taf. II, 2), eine für die Wissenschaft neue Form, welche sich aus Spongiennadeln eiförmige Kammern baut, die sie spiralig aneinanderfügt. Nun folgen Rhizopoden mit chitinös-kalkiger Schale ohne Porenkanäle und ohne ein System verzweigter Kanäle: zuerst Cornuspira mit einer einzigen spiralen Kammer; dann die mehrkammerigen Gattungen Miliolina (Taf. II, III), Peneroplis (Taf. III), Alveolina (Taf. III, IV) und Orbitolites (Taf. IV u. V).

In der Abtheilung der Perforata, der Foraminiferen mit Porenkanälen, aber ohne ein System verzweigter Kanäle, nimmt die Gattung Carpenteria (Taf. V und VI) die unterste Stelle ein, weil sie ihr Gehäuse den Verzweigungen der Pseudopodien ursprünglicher und freier nachbildet, als irgend eine andere perforate Foraminifere. Zuerst baut sie aus nadelförmigen Fremdkörpern ein Gerüst und eine Hülle für ihre Sarkode; dann überzieht sie diese Hülle mit einer Kalkrinde und zuletzt bohrt sie Kanäle durch diese Rinde. In dieser Foraminiferenform stellt daher die Ontogenie des Individuums die Stufenfolge verschiedener phylogenetischer Entwicklungsstadien dar.

Die Gattung Polytrema (Taf. VII) verwendet ebenfalls Spongiennadeln, um ihre Sarkode zu stützen und zu umhüllen, aber in einem geringeren Maasse als Carpenteria; sie bildet sich ein baumförmiges Kalkgehäuse wie diese Gattung; aber die Stämme und Aeste ihres Gehäuses enthalten nicht mehr blos einfache Höhlungen wie bei Carpenteria, sondern sie bestehen aus mehr oder weniger regelmässig concentrischen Schichten von Kammern, welche durch regelmässige Gänge communiciren.

In den dann folgenden Gattungen erhält die perforate Schale eine bestimmtere Form, als in den pseudopodienartig verzweigten Hüllen der Carpenterien und Polytremen. Sie ist in einer Ebene spiralig gewunden bei Spirillina (Taf. VIII, 2), eiförmig bei Lagena und Entosolenia (Taf. VIII, 3—11). Die Gattung Entosolenia stelle ich höher als die Gattung Lagena, weil sie eine innere Mündungsröhre besitzt, welche dieser fehlt.

Spirillina, Lagena und Entosolenia sind regelmässig gestaltete einkammerige Perforata. Auf sie folgen mehrkammerige Perforata; zuerst die Gattung Pavonina (Taf. VIII, 13—15) ohne Kammergänge, dann Textilaria und Bolivina mit Kammergängen (Taf. VII, 16, Taf. IX, 15).

Bei den niederen Textilarienformen liegen die Kammern in einer Ebene, bei höheren verschieben sie sich spiralig, bei den höchstentwickelten ordnen sie sich trochusartig spiral.

Bei der nun folgenden Gattung Discorbina (Taf. IX, 16—19) öffnen sich die Mündungen spiral geordneter Kammern gegen einen gemeinsamen Schalennabel.

Die Gattung Cymbalopora (Taf. X, 1—5) erhebt sich dadurch über die Discorbinen, dass ihre Kammern ausser einer Hauptmündung, welche gegen einen centralen Schalennabel gekehrt ist, noch seitliche Nebenmündungen besitzen.

Die neu aufgestellte Gattung Tretomphalus (Taf. X, 6—9) ist an ihrer Keimkammerseite einer Discorbina sehr ähnlich; ihre letzte Kammer nimmt jedoch durch das Auftreten von Buckeln mit grossen Poren und durch die Bildung einer innern Mündungsröhre eine eigenthümliche, höher differenzirte Beschaffenheit an.

In der Gattung Amphistegina (Taf. X, 11 bis XI, 3) treten zwei neue Eigenschaften der Foraminiferenschalen auf: 1. die Vergrösserung der Kammeroberflächen durch Lappenbildung und 2. die Ablagerung einer porenfreien Zwischenkammermasse.

Bei Polystomella geht die Ausbildung der Kammerlappen nicht so weit, wie bei Amphistegina; aber sie steht deshalb auf einer höheren Entwicklungsstufe, weil in der Zwischenkammermasse ihrer Schale trichterförmige Röhren auftreten, worin die Sarkode eingeschlossener Kammern nach aussen gelangen kann (Taf. XI, 5, XII, 1).

In der neu aufgestellten Gattung Helicoza (Taf. XII, 2), welche nach ihrer äussern Beschaffenheit den Polystomellen so ähnlich ist, dass man sie bis jetzt nicht von diesen getrennt hat, sind diese trichterförmigen Röhren in schlauchförmige Kanäle umgewandelt und ihre inneren Enden sind zu einem Spiralkanale verschmolzen, welcher innerhalb der Kammern der letzten Windung entlang läuft. Hier treten also die Anfänge eines Kanalsystems auf, dessen wegen ich die Gattung Helicoza in die nun folgende Abtheilung der Canaliculata versetze.

Dieses Kanalsystem ist weiter ausgebildet in der Gattung Rotalia (Taf. XIV): denn hier nimmt es seinen Anfang schon in der Umgebung der Keimkammer als ein Spiralkanal, welcher mit den Kammerwindungen an deren ventraler Seite fortwächst und in der Zwischenkammermasse Aeste nach aussen sendet; diese Aeste theilen sich in den äussern Verdickungsschichten der Schale in Zweige und lösen sich in den Dornfortsätzen der Schale in feine Kanälchen auf.

Die Gattung Heterostegina (Taf. XIII) ist ein Repräsentant der höchsten Entwicklungsstufe der Foraminiferenschalen. Die Kammern späterer Windungen gliedern sich in Haupt- und Nebenkammern, das Kanalsystem verzweigt sich in der Zwischenkammermasse, bildet in der Rindenschicht ein Kanalnetz und sendet von diesem aus zahlreiche Ausgänge für Pseudopodien an die Oberfläche.

Es ist eine sehr beachtungswerthe Thatsache, dass in einer am unteren Ende des Thierreichs stehenden Klasse die als Gerüste und Hüllen des weichen Leibes dienenden festen Massen in so mannichfaltigen bestimmten Formen auftreten. Man muss daraus schliessen, dass die Foraminiferen-Sarkode ausser ihren allgemeinen Eigenschaften noch zahlreiche verschiedene specifische Eigenschaften besitzt. Die Ursachen dieser Verschiedenheiten sind uns unbekannt. Das gleichzeitige Bestehen verschiedener Species innerhalb eines biocönotischen Gebietes, die Verbreitung von Individuen einer und derselben Art durch Meere verschiedener Zonen und das bedeutende geologische Alter mancher Species sind Zeugnisse für eine nicht geringe Beständigkeit dieser Eigenthümlichkeiten der Sarkode der Foraminiferen. Diese ist also nicht etwa, weil sie in einem hohen Grade plastisch ist, deshalb auch sehr schalenbildungsveränderlich, sondern sie verhält sich in Rücksicht auf die Gestaltung der Gerüste und Hüllen ebenso, wie das Plasma der Metazoen-Eier zur Bildung der Keimblätter und aller aus diesen hervorgehenden Organe; sie besitzt, wie das Eier-Plasma, ganz bestimmte vererbliche Gestaltungskräfte. Die wiederkehrenden Wirkungen dieser vererblichen Gestaltungskräfte sind die reellen Grundlagen für die Bildung von Artbegriffen auch bei den Foraminiferen, genau nach derselben Methode, nach welcher in allen andern Thierklassen Artbegriffe abgeleitet werden.

Der berühmte Foraminiferenforscher W. B. Carpenter und seine verdienten Mitarbeiter W. K. Parker und T. Rupert Jones sind hierin anderer Meinung. Prof. Carpenter schreibt in seinem grossen Werke: Introduction to the study of the Foraminifera, London 1862, hierüber Folgendes:

p. X: „The range of variation is so great among Foraminifera, as to include not merely the differential characters which systematists proceeding upon the ordinary methods have accounted specific, but also those upon which the greater part of the genera of this group have been founded, and even in some instances those of its orders."

„The ordinary notion of species, as assemblages of individuals marked out from each other by definite characters that have been genetically transmitted from original prototypes similarly distinguished, is quite inapplicable to this group; since even if the limits of such assemblages were extended so as to include what would else where be accounted genera, they would still be found so intimately connected by gradational links, that definite lines of demarcation could not be drawn between them."

„The only natural classification of the vast aggregate of diversified forms which this group contains, will be one which ranges them according to their direction and degree of divergence from a small number of principal family-types; and any subordinate groupings of genera and species which may be regarded merely as assemblages of forms characterised by the nature and degree of the modifications of the original type, which they may have respectively acquired in the course of genetic descent from a common ancestry."

„Even in regard to these family-types, it may fairly be questioned whether analogical evidence does not rather favour the idea of their derivation from a common original, than that of their primitive distinctness."

Und ferner p. 56:

„All that as seems to us at present feasible to attempt, is to group them around certain generic types, each marked by some combination of characters which impresses on it (to speak) a distinctive physiognomy, and to trace out the principal modifications to which these types are subject through the separate or combined variation of their characters. Among these modifications there will generally be found some which indicate an affinity towards other types, so as to diminish the intervals between each type and those to which it is related. Wherever such gradation can be shown to exist with anything like complete continuity, its presence will be accounted a sufficient reason for including the whole series (however diversified in its extreme forms) under one and the same generic designation; where, again, it seems likely to be established by further research (which is sometimes especially the case in regard to extinct types) the modification thus related will be ranked as a sub-genus."

„The impracticability of applying the ordinary method of definition to the genera of Foraminifera becomes an absolute impossibility in regard to species. For whether or not there really exist in this group generic assemblages capable of being strictly limited by well marked boundaries, it may be affirmed with certainty that among the forms of which such assemblages are composed, it is the exception, not the rule, to find one which is so isolated from the rest by any constant and definite peculiarity, as to have the least claim to rank as a natural species."

„Nothing is more easy, however, than to make artificial species in this group; for the variation to which every one of its generic forms is liable, gives rise to a multitude of dissimilar forms most inviting to those systematists who consider that credit is to be gained by adding new names to the already enormous list; and accordingly we find that a vast mass of such specific names and definitions has been accumulated, of which but a very few really express the facts they are designed to record."

Diese Worte eines ausgezeichneten Foraminiferenkenners haben nicht verfehlt, einen solchen Eindruck zu machen, dass sich unter den Zoologen die Ansicht verbreitet hat, bei den Foraminiferen könnten Arten und Gattungen gar nicht nach dem bei andern Thierklassen üblichen Verfahren aufgestellt werden. Dieses Verfahren besteht aber darin, dass man die bei möglichst vielen Individuen aufgesuchten gemeinsamen und deshalb für vererblich geltenden Eigenschaften in einer Beschreibung zusammenfasst.

Warum soll diese Maxime der Speciesbegriffbildung nicht auch bei Foraminiferen befolgt werden können? Doch nicht etwa deswegen nicht, weil die Foraminiferen ganz andere vererbliche Eigenschaften besitzen, als z. B. die Echinodermen oder die Insekten, und weil daher auch die Gruppenbegriffe bei ihnen aus ganz anderen Merkmalen zusammengesetzt werden müssen, als bei diesen und andern Thierklassen.

Hierauf werden die Anhänger der Carpenter'schen Ansichten antworten: Aus diesem Grunde durchaus nicht, da ja selbstverständlich zur Bildung von Gruppenbegriffen in jeder Thierklasse andere der Klasse eigenthümliche Merkmale verwendet werden müssen, sondern deswegen, weil bei den Foraminiferen innerhalb ganzer Formenreihen gewisser generischer Typen („certain generic types" Carpenter) keine bestimmten Grenzen existiren. Hat aber eine genaue Untersuchung dies wirklich erwiesen, so müssen aus allen Gliedern der ganzen Formenreihe die gemeinsamen Eigenschaften aufgesucht und zusammengefasst werden, um aus ihnen einen Gruppenbegriff zu bilden, der dann aus den Merkmalen des nächsten Verwandtschaftsgrades der untersuchten Individuen besteht; und dieser niederste Gruppenbegriff ist ein Artbegriff, weil er von den Eigenschaften der Individuen unmittelbar abgeleitet ist, und nimmermehr ein Gattungsbegriff, da nach den Regeln der Logik Gattungsbegriffe nur aus Artbegriffen und nicht unmittelbar aus den Eigenschaften von Individuen des nächsten Verwandtschaftsgrades gewonnen werden.

Diesen Grundsätzen sind auch alle Zoologen, welche sich eingehender mit dem Studium der Foraminiferen beschäftigt haben, wie d'Orbigny, Max Schultze, Reuss, F. E. Schulze, Henry B. Brady u. A. gefolgt. Nur Prof. Carpenter und seine Mitarbeiter machen eine Ausnahme, jedoch keine entschiedene, sondern eine schwankende Ausnahme, da in dem speciellen Theile der Introduction to the study of the Foraminifera innerhalb verschiedener Genera doch specifische Unterschiede anerkannt, beschrieben und abgebildet werden.

Wo Prof. Carpenter innerhalb einer Formenreihe keine Abtheilungen glaubte aufstellen zu können, da hätte er aus der ganzen Reihe einen Speciesbegriff ableiten und von diesem einen Speciesbegriff einen Gattungsbegriff abstrahiren sollen, statt von den Individuen direkt zum

Gattungsbegriff aufzusteigen; denn er stieg doch wenigstens vorübergehend auf gedachten Speciesstufen zu seinen Gattungen hinauf.

Mit dieser Vertheidigung der logischen Grundsätze, nach denen auch bei den Foraminiferen Artbegriffe gebildet werden müssen, habe ich keineswegs einer leichtfertigen Aufstellung von Foraminiferenspecies das Wort reden wollen, sondern, vollkommen übereinstimmend mit Prof. W. B. Carpenter, beklage ich, dass die Foraminiferenkunde durch sehr viele Speciesnamen beschwert ist, denen gar keine sicheren Artbegriffe zu Grunde liegen. Bei mehreren von mir hier aufgeführten Arten habe ich mich bemüht, solche Namenspecies auf blosse Synonyme zurückzuführen, und ich bin überzeugt, dass gründliche Foraminiferenforscher, welche sich nicht mit der Betrachtung der äusseren Gestalt der Schalen begnügen, sondern welche sowohl bei lebenden als auch bei fossilen Foraminiferen den innern Bau nach Dünnschliffen und anderen geeigneten Methoden untersuchen, eine grosse Menge Namenspecies beseitigen werden.

Ich habe auch nicht gegen den von W. B. Carpenter ausgesprochenen Gedanken auftreten wollen, dass die zahlreichen verschiedenen Foraminiferenformen nach den Graden ihrer Verwandtschaft zu klassificiren seien; auch ist es durchaus nicht meine Absicht gewesen, die Möglichkeit und Wahrscheinlichkeit einer Abstammung aller Foraminiferen von einer gemeinsamen Stammform zu bekämpfen. Artbegriffe und von diesen abgeleitete höhere Gruppenbegriffe bilden, ist etwas ganz anderes, als Hypothesen über den Ursprung der Individuenformen aufstellen. Ehe wir nicht im Besitze von Artbegriffen und Begriffen höherer Gruppen organischer Wesen sind, können wir solche sehr berechtigten Hypothesen gar nicht entwerfen. Diese Wahrheit ist leider bei den Biologen nicht allgemein bekannt. Diejenigen, welche über diese wichtige Sache anders denken, bitte ich meinen Aufsatz: Die Bildung und Bedeutung der Artbegriffe in der Naturgeschichte, in den Schriften des Naturwissenschaftlichen Vereins für Schleswig-Holstein, I, Kiel 1873, nachzusehen, besonders aber empfehle ich ihnen, J. Kants Ansichten über Art- und Gattungsbegriffe in der Kritik der reinen Vernunft zu studiren. (Anhang zur transcendentalen Dialektik. Von dem regulativen Gebrauche der Ideen der reinen Vernunft. Sämmtliche Werke, herausgegeben von Hartenstein, III, 1867, S. 435—450). Wenn sich alle Biologen mit dem Inhalte dieses Kapitels vertraut gemacht hätten, so würde in den letzten zwanzig Jahren gewiss viel weniger Verworrenes über das Verhältniss der Artbegriffe zu höheren Gruppenbegriffen und zu den Ideen der Entwicklungslehre von zwei entgegengesetzten Standpunkten aus geschrieben worden sein.

Als Beweise für die Wahrheit der Entwicklungslehre haben die Verwandtschaften unter den Foraminiferenformen weder einen höheren noch einen geringeren Werth als die Formenreihen und Formverwandtschaften in allen andern Thierklassen.

Beschreibung der Arten.

I. Imperforata.

Haliphysema Tumanowiczii Bow.
Taf. I, Fig. 1—5; Taf. II, Fig. 1.

Die einfache Form dieses Rhizopoden besteht aus einem runden Stiel, welcher aus einer angewachsenen Platte aufsteigt und an dem freien Ende ein Köpfchen trägt, aus welchem nach allen Seiten hin Schwammnadeln hervorragen oder andere nadelförmige Stäbchen, wie Borsten von Anneliden, Kalkstäbchen aus Echinodermenlarven oder lange Diatomeen.

Die Länge des Stieles sammt dem Köpfchen übersteigt selten 1 mm. Der Stiel ist 0,1 bis 0,15 mm dick und der Durchmesser des Köpfchens beträgt 0,2 bis 0,3 mm.

Die Fussplatte einfacher Formen ist meistens vierseitig mit abgerundeten Ecken und gewöhnlich nicht länger als 1 mm (Taf. I, Fig. 1a und b). Bei einer grösseren Ausdehnung wird sie lappig: eine Vorstufe zur Bildung neuer Individuen auf derselben Fussplatte (Taf. I, Fig. 1c). So entstehen Stöckchen mit zwei oder mehr Individuen. Die höchste Anzahl unmittelbar auf der Fussplatte stehender Individuen, die ich gefunden habe, beträgt sieben. (Taf. I, Fig. e).

Die Individuen eines Stöckchens vermehren sich auch noch durch Verzweigung der Stiele, so dass dann ein Stammstiel zwei oder drei Zweige mit Endköpfchen trägt (Taf. I, Fig. 2 und 3).

Die Stöckchen behalten ihre Form, wenn man sie trocknet oder in Spiritus legt. Sie sind gelblichweiss. Die Hauptmasse ihrer Hülle besteht aus Schwammnadeln. Gewöhnlich sind Kieselnadeln reichlicher zum Aufbau derselben verwendet, als Kalknadeln.

In der Fussplatte liegen diese Nadeln in allen Richtungen unregelmässig neben- und übereinander; in den Stielen und Zweigen folgen die meisten der Richtung der Hauptaxe; in den Köpfchen liegen sie unregelmässig durcheinander: hier ragen die längeren weit aus der Masse heraus, manche in der Richtung der Radien des Köpfchens; dort treten andere mehr oder weniger weit ganz unregelmässig hervor.

In manchen Exemplaren liegen in der Fussplatte, im Stiel und den Zweigen und in den Köpfchen viele kleine Kalk- und Kieselkörperchen pflasterartig neben einander (Taf. I, Fig. 4).

Die Weichmasse der Köpfchen besteht aus körnigem Plasma, welches lange, fadenförmige, sich verzweigende Pseudopodien aussendet (Taf. I, Fig. 4 und Taf. II, Fig. 1). Auf den Nadeln, welche aus den Köpfchen herausragen, gehen dickere Plasmastränge bis an deren Spitze und theilen sich hier erst in feinere Fäden (Taf. I, Fig. 4 und Taf. II, Fig. 1). Die Pseudopodien benachbarter Individuen können mit einander verschmelzen (Taf. II, Fig. 1). Zuweilen sah ich auch Pseudopodien von dem Rande solcher Fussplatten abgehen, welche ich von ihrer Unterlage abgelöst und lebendig unter das Mikroskop gebracht hatte (Taf. II, Fig. 1).

Bei grösseren Exemplaren nimmt das Plasma in der Fussplatte und in dem untern Theile der Stiele eine gelbliche oder bräunliche Farbe an.

In einem meiner mikroskopischen Präparate enthält das Protoplasma des Stieles Zellkerne (Taf. I, Fig. 5). Diese hat Ray Lankaster bereits nachgewiesen in Exemplaren von Haliphysema aus dem Canal (Quart. Journ. of Microscopic. sc. Oct. 1879, p. 476, Pl. 22).

Das Gerüst des Stieles bildet einen an seinen beiden Enden etwas erweiterten Schlauch, dessen Bestandtheile (Nadeln, Kalk- und Kieselkörperchen) bei grösseren Thieren dichter neben und übereinander liegen als bei kleineren. Dieses Gerüst ist mit einer strukturlosen Haut ausgekleidet, die sich bis in die beiden erweiterten Enden des Schlauches verfolgen liess (Taf. I, 5).

Zwischen den Nadeln des Köpfchens findet man einzellige Algen, kleine Zellengruppen mehrzelliger Algen, Gliedmassen von Copepoden u. a. organische Dinge, die ohne Zweifel als Nahrungsbeute festgehalten wurden.

Aus den Eigenschaften verschiedener Exemplare, welche weniger oder mehr ausgebildet waren, lässt sich schliessen, dass der Keim des Haliphysema von Mauritius ursprünglich hüllenlos ist, und dass er mit seinen Pseudopodien kleine feste Körperchen, welche in deren Bereich kommen, ergreift und festhält, um sie als Nahrungsmittel und zur Bildung einer festen Hülle zu verwenden. Diese festen Körperchen werden auf einer sehr dünnen, structurlosen häutigen Hülle abgelagert, mit welcher sich der Protoplasmaleib zunächst umgiebt. Dieses Häutchen liegt bei kleineren, offenbar jüngeren Exemplaren zum Theil noch frei zu Tage. Es wird auch theilweis blossgelegt, wenn man kleinere Individuen mit Säuren behandelt, welche die aufgelagerten Kalkkörperchen des Gerüstes auflösen. Nach der Entkalkung sind die Stiele daher auch viel biegsamer als vorher.

Der zuerst gebildete Theil der äussern Hülle ist die Fussplatte. Sie wird an die untere, immer nassbleibende Seite eines Korallenkalksteines angekittet. Aus einer offenen Stelle der jungen Fussplatte tritt die Hauptmasse des Plasmas hervor. Die ausstrahlenden Pseudopodien ergreifen vorüberschwebende Nadeln, bewegen diese proximal und lagern sie ab auf der häutigen Hülle des Plasmastranges, der aus der Fussplatte hervortritt und der sich nach und nach immer länger streckt, je steifer und länger der Schlauch der äussern Hülle durch aufgelagerte Nadeln wird.

Endlich muss der Stromdruck des Wassers dem Längenwachsthum des Stieles eine Grenze setzen. Es bildet sich ein Köpfchen aus, indem sich vor der etwas erweiterten Oeffnung des Stielgerüstschlauches zahlreiche locker gelagerte Nadeln anhäufen, zwischen welchen das Plasma des ausgewachsenen Individuums nun nach allen Seiten hin Pseudopodien aussenden kann.

Die Bildung eines Stöckchens beginnt mit der Vergrösserung der Fussplatte des einfachen Thieres, indem von dem Rande derselben Pseudopodien ausgehen, welche Nadeln heranziehen. So vergrössert sich die Fussplatte und aus ihr wachsen dann neue Stielkörper hervor. Bei der Bildung eines Stieles in zwei Köpfchenzweige spielt wahrscheinlich der Stromdruck des Wassers eine Rolle mit, denn die Zweige, welche ich fand, haben sehr verschiedene Längen und bilden verschiedene Winkel mit einander. Bei einem gewissen Stromdruck wird ein Stiel, der viele kurze Kalkkörper enthält, leichter brechen oder abgebogen werden, als ein anderer von gleicher Dicke und Länge, der durch längere Nadeln besser gesteift ist. So wird also die Länge der Stiele und die Art der Verzweigung von der Beschaffenheit der äussern Hülle und des Stromdruckes abhängen.

Haliphysema Tumanowiczii ist häufig an der untern Seite der Korallenkalkblöcke auf den Korallenriffen an der Südostseite der Insel Mauritius, innerhalb der Brandungslinie, aber dieser doch noch so nahe, dass die Stöckchen ziemlich kräftigen Strömungen ausgesetzt sind.

Im System ist Haliphysema Tumanowiczii zu denjenigen Rhizopoden zu stellen, welche fadenförmige, verzweigungs- und verschmelzungsfähige Pseudopodien aussenden. In dem Stammbaum, den F. E. Schulze in seinen Rhizopodenstudien entworfen hat (Archiv für mikroskop. Anatomie. Bd. 13, 1877, Taf. III), gehört es also zu dem Aste der Rhizopoda filigera reticularia und es lässt sich hier den Amphistomata R. Hertwig u. Lesser anreihen (Arch. f. mikrosk. Anat. X, Suppl. 1874, S. 145), wenn man den schlauchförmigen Stiel als den Haupttheil der Hülle betrachtet, als Homologon z. B. der eiförmigen Hülle von Amphistoma Wrightianum Archer (Quart. Journ. of microsc. Sc. IX, 1869, Pl. 20, Fig. 4 u. 5).

Man wird aber die Gattung Haliphysema in eine besondere Gruppe stellen müssen, die man Sessilia nennen kann, weil sich das eine Ende der Körperhülle plattenförmig ausbreitet und an fremden Körpern anlöthet. Die Bildung des Köpfchens ist als eine Anhäufung von fremden Hüllkörperchen vor der andern freien Mündung der Körperhülle aufzufassen, also als Homologon der Fussplatte.

Die wesentlichen Charaktere des Genus Haliphysema sind:

Hülle eine dünnhäutige chitinöse Scheide, welche mit Spongiennadeln oder andern mikroskopischen Fremdkörpern besetzt ist. An dem freien Ende der Scheide sind die Fremdkörper kopf- oder keulenförmig zusammengehäuft, an dem festgewachsenen plattenförmig.

Zur Geschichte des Gattungsnamens Haliphysema. In der zoologischen Sektion der Versammlung deutscher Naturforscher und Aerzte zu Hamburg im September 1876 legte ich Abbildungen und Präparate des hier beschriebenen Rhizopoden vor, wobei ich denselben Haliphysema capitulatum nannte (Tageblatt der 49. Versammlung Deutscher Naturforscher und Aerzte in Hamburg 1876, p. 115).

Den Gattungsnamen Haliphysema führte Bowerbank (in der unrichtigen Schreibung Halyphysema) in der Wissenschaft ein, um damit eine Thierform zu bezeichnen, die er nach der Untersuchung ihrer äussern Eigenschaften für einen Schwamm hielt, obgleich er weder Oscula noch Poren an ihr gefunden hatte, wie er ausdrücklich bemerkt (Philos. Transact. London 1862, p. 1105, Pl. 73, Fig. 3, und British Spongiadae I, 1864, p. 179; II, 1866, p. 76—80, Pl. 30, Fig. 359; III, 1874, p. 33, Pl. 13, Fig. 1). In seinen äussern Eigenschaften ist der von mir beschriebene Wurzelfüssler von dem Korallenriff bei Mauritius dieser Art so ähnlich, dass ich glaubte, Bowerbank's Thier sei auch ein Wurzelfüssler gewesen und ich nahm daher seinen Gattungsnamen Haliphysema auch für meine neue Art an, natürlich mit einer derartigen Abänderung des Gattungsbegriffes Haliphysema, dass sowohl die von Bowerbank beschriebenen Arten Haliphysema Tumanowiczii und ramulosa, als auch meine Art H. capitulatum von demselben umfasst werden konnte. In meiner Auffassung des Gattungsbegriffes Haliphysema wurde ich bestärkt durch die Abhandlung Carter's: On two new species of the Foraminiferous Genus Squamulina, and on a new species of Difflugia. Ann. and Mag. of nat. hist. Vol. V, 1870, p. 309. Hier erklärt Carter die Gattung Haliphysema auf Grund eigener Untersuchungen für einen Wurzelfüssler, verwirft jedoch den Namen Haliphysema, weil er glaubt, dass die Merkmale desselben zusammenfallen mit den Merkmalen des Gattungsbegriffes Squamulina, welche Max Schultze bereits 1854 in seiner Schrift: „Ueber den Organismus der Polythalamien" S. 56 in folgenden Worten zusammenfasste: „Schale einer planconvexen, flachen Linse gleichend, mit der planen Seite festgeheftet, kalkig, eine einfache, ungetheilte Höhlung einschliessend. Eine grössere Oeffnung auf der konvexen Seite. Feine Poren fehlen." Hiernach ist Squamulina ein Wurzelfüssler mit einer einkammerigen, imperforaten Kalkschale. Da aber Bowerbank's Haliphysema mit Schwammnadeln und diesen ähnlichen Fremdkörpern besetzt war, so durfte sie dem Schultze'schen Gattungsbegriff Squamulina nicht untergeordnet werden, sondern sie musste als eine eigene Thiergattung erhalten bleiben.

Nun hat E. Haeckel in einer 1876 verfassten Abhandlung seiner „Biologischen Studien": „Die Physemarien (Haliphysema und Gastrophysema), Gastraeaden der Gegenwart, Jena 1877", Schwämme von sehr einfachem Bau beschrieben, deren Ektoderm fremde Körper aufgenommen hatte. Zu dieser Spongiengruppe rechnet E. Haeckel auch die beiden Arten Haliphysema Tumanowiczii und H. ramulosa von Bowerbank.

Diesen Haeckelschen Darstellungen gegenüber hält H. J. Carter seine Ansicht, dass Haliphysema zu den Rhizopoden gehöre, aufrecht (Ann. of nat. hist. XVII, 1876, p. 202, und Ann. of nat. hist. XX, 1877, 337), indem er sich auf die eigenthümliche Form der Pseudopodien während des Lebens beruft, obgleich er in seiner ersten Abhandlung über diesen Gegenstand (Ann. of nat. hist. V, 1870) nicht von spontan austretenden Pseudopodien spricht, sondern blos einen weichen ausgedrückten Inhalt beschreibt und abbildet (l. c. Tab. 4, Fig. 11), welcher der Sarkode von Aethalium ähnlich sei. Dieselbe Ansicht hat A. M. Newman ausführlich ausgesprochen (Ann. n. hist. 1878, I, 269). W. Saville Kent beschreibt in einer Abhandlung: The foraminiferal nature of Haliphysema Tumanowiczii Bow. Squamulina Scopula Cart. (Vol. II, 1878, p. 68 der Ann. of nat. hist.) Thierformen, welche mit denen von Bowerbank als Spongien beschriebenen offenbar die allergrösste äussere Aehnlichkeit haben, nach lebenden Exemplaren als Rhizopoden. Er fand sie bei den Normannischen Inseln im Canal, woher auch das von Bowerbank als Haliphysema ramulosum beschriebene Exemplar stammte, welches er als eine verzweigte Varietät von Haliphysema Tumanowiczii betrachtet, da beide sonst völlig übereinstimmen. Er sah fadenförmige verzweigte und verschmelzungsfähige Pseudopodien von ihnen ausstrahlen, fand aber an ihnen weder Oscula noch Zellen in ihrem Innern. Er verfolgte ihre Entwickelung von einem amoebaartigen Stadium an bis zur Ausbildung der Hülle. Die von Saville Kent beschriebenen Rhizopoden haben mit denen, die ich 1874 auf dem Korallenriff bei Mauritius lebend beobachtete und zeichnete, eine so grosse Aehnlichkeit, dass ich es für nöthig erachte, beide unter einen Speziesbegriff zu bringen, obgleich sie sehr weit von einander und unter sehr verschiedenen äusseren Verhältnissen leben.

Rhaphidohelix g. n.,*) eligans sp. n.**)
Taf. II, Fig. 2.

Die Schale besteht aus sphäroidischen Kammern, welche sich spiralig aneinanderfügen. Ihr grösster Durchmesser beträgt 0,4 mm. Das Hauptmaterial der Kammerwände sind Spongiennadeln, welche durch eine bräunliche Masse verkittet sind. Auf der Oberfläche einiger Kammerwände bemerke ich kleine Kreise, welche vielleicht Poren für den Ausgang von Pseudopodien sind. In den Scheidewänden der Kammern scheinen auch Poren zu sein. Nahe dem Centrum der Windungen ist eine grössere Oeffnung.

Ich habe nur ein Exemplar im Darm eines flachen Seeigels (Maretia planulata) von dem Fouquetsriff gefunden.

Cornuspira foliacea Phil.
Taf. II, Fig. 3.

Eine kugelförmige Keimkammer setzt sich fort in einen Schlauch, der sich spiralig in einer Ebene windet. Der Durchmesser von Exemplaren, welche aus drei Windungen bestehen, beträgt 0,25 mm.

Die Schale ist dünn und durchsichtig. Bei stärkeren Vergrösserungen erkennt man an manchen Stellen sehr zarte Anwachsstreifen und äusserst feine Körnchen in derselben.

Diese Art ist aus Meeren aller Zonen bekannt.

Philippi, Enum. Molluscor. Siciliae II, 1844, p. 147, Fig. 26 (Orbis foliaceus).

Ueber die Geschichte der Gattungsbegriffe Cornuspira und Spirillina findet man Näheres in Carpenters Introduct. to the study of the Foram. 1862, p. 68 u. 180.

Miliolina ornata d'Orb.
Taf. II, Fig. 4-7.

Meistens bis 1 mm lang, beinahe halb so hoch und bis $1/5$ so breit. Gelblichweiss. Lanzettförmig (Fig. 4). Die Windungen liegen fast in einer Ebene (Fig. 5 u. 6). Ihre Querschnitte sind kantig. Die äussern (dorsalen) Flächen derselben gewöhnlich etwas konkav, was besonders an den letzten grösseren Windungen deutlich zu sehen ist (Fig. 6). Die Mündung ist fast kreisrund. An ihrer ventralen Seite ragt eine vertikale Platte in sie hinein (Fig. 7). Diese Platte wird in medianen Längsschliffen in ihrer ganzen Länge und Höhe sichtbar (Fig. 5). Sie theilt jede ganze Windung in zwei Kammern.

Ich halte diese Foraminifere für artgleich mit Spiroloculina ornata d'Orb. (Foram. de Cuba 1839, p. 167, Tab. XII, Fig. 7, 7').

Carpenter bildet eine Seitenansicht derselben Form ab (Introd. Foram. Taf. VI, Fig. 2).

Miliolina oblonga Mont.
Taf. III, Fig. 1-3.

Aeltere Exemplare sind weiss, spindelförmig, mit ungleichseitig dreieckigem Querschnitt, bis 1 mm lang und ungefähr $2/3$ so breit. Junge Exemplare sind durchscheinend bis durch-

---

*) ραφος Nadel, ἑλιξ Spirale.
**) eligare auslesen. Die Pseudopodien lesen Spongiennadeln aus, um die Schale daraus zu bilden.

sichtig, lanzettlich, 0,340 bis 0,357 mm lang und 0,170 bis 0,255 mm breit. Die Keimkammer ist kugelförmig. Die in ihrer Nähe liegenden Kammern sind stärker gekrümmt als die späteren. Die Kammermündungen sind halbmondförmig. Die ventralen Ränder derselben greifen auf die dorsale Wölbung der zweitvorhergehenden Kammer über. Von dieser Wölbung aus wächst eine vertikale Platte in die Mündung hinein.

Ehrenberg nennt junge Exemplare dieser Art Spiroloculina elongata (Bericht über die Verhandlung. der Berliner Akad. a. d. J. 1844, p. 96), und er bildet sie unvollkommen ab in seiner Mikrographie Taf. XIX, F. 97 nach einem Exemplar aus dem Mergel von Aegina.

Die Kammern, welche auf die von mir Taf. III, Fig. 1—3 abgebildeten Kammern folgen, sind weit umfänglicher und geben älteren Exemplaren das Ansehen, welches d'Orbigny beschreibt (Foraminifères de Cuba, p. 175, Pl. X, F. 3—5).

Schalen von Miliolina oblonga fand ich zahlreich in dem feinen Kalkschlamm des tiefen Riffkanals innerhalb des Fouquetsriffs. Man kennt sie aus europäischen Meeren, von der amerikanischen Küste, aus dem Nördl. Eismeere (Parker u. Jones) und aus tertiären Ablagerungen in Italien und bei Bordeaux.

Montagu beschrieb sie zuerst als Vermiculum oblongum. (Test. brit. p. 522, Taf. XIV, F. 9.)

Für den Gattungsnamen Triloculina d'Orb. habe ich den von Williamson vorgeschlagenen Namen Miliolina angenommen (Brit. Rec. Foraminifera p. 83). Man vergleiche auch Brady's Bemerkungen über diesen Gegenstand in: Quart. Journ. of Microsc. Sc. Vol. XIX, 1879, p. 48.

Miliolina agglutinans d'Orb.
Taf. III, Fig. 4—8.

Meistens 1 mm lang. Breite und Höhe etwas kleiner; kantig spindelförmig; weiss mit dunklen Pünktchen. Die nachfolgenden Kammern umwickeln die vorhergehenden schräg längsspiral und querspiral. Die Längsspirale zeigen die Figuren 5 und 7, die Querspirale die Figuren 6 und 8.

Die Windungen sind gewöhnlich unregelmässig vierkantig; ihre äussere Seite ist oft konvex, doch zuweilen auch konkav (Fig. 6 u. 8). Die innere Seite ist gewöhnlich flacher als die äussere (Fig. 8). Die Mündung ist kreis- oder eirund, ihr Rand zuweilen etwas auswärts gekrümmt. An ihrer ventralen Seite erhebt sich eine Platte. Die Mündungsplatten werden nachher verengende Grenzscheiden zwischen den Kammern (Fig. 7 Mp).

Die Kammern sind in der Richtung der Mundaxe gebogen (Fig. 7); ihre dorsale Seite ist konvex, die ventrale eben oder nur wenig konkav (Fig. 8).

Die Kammerwände bestehen aus einer dünnen innern Kalklage und aus einer äussern Lage, die aus Sandkörnern zusammengekittet ist. Eine scharfe Grenze zwischen beiden ist nicht vorhanden. Die Kalklage ist mit einer braunen Chitinhaut ausgekleidet.

Ich halte die beschriebene Form für identisch mit der Quinqueloculina agglutinans d'Orbigny's von Westindien (Foram. de Cuba, p. 195, Tab. XII, Fig. 11—13. — Carpenter, Introd. Foram. Pl. VI, Fig. 6).

Meine Abbildungen erläutern die Eigenschaften dieses Miliolina-Typus vollständiger, als die von d'Orbigny und Carpenter.

Ausser den drei beschriebenen Arten von Miliolina habe ich in dem Korallensand von Mauritius noch folgende Arten gefunden:

1. **Arten, deren Kammern alle in einer Längsebene liegen:**

Miliolina antillarum d'Orb.

Foram. de Cuba, p. 166, Tab. IX, Fig. 3 u. 4 (Spiroloculina antillarum). — Carpenter, Introd. For. Pl. VI, Fig. 3.

Die Schalen sind gelblich, lanzettlich und 1—1,5 mm lang.

Auf ihrer Oberfläche sind konkave Längsfurchen.

2. **Arten, deren Kammern sich in einer Längsebene und auch in einer Querebene umwickeln.**

Miliolina carinata d'Orb., als: Triloculina carinata beschrieben: Foram. de Cuba p. 179, Tab. X, Fig, 15—17.

Die Schale ist weiss und 1 mm lang.

Die Oberfläche ist mit rundlichen Grübchen versehen, welche schräge Reihen bilden.

Miliolina Sagra d'Orb., als Quinqueloculina Sagra beschrieben: Foram. de Cuba, p. 188, Tab. XI, Fig. 16—18.

Weiss, meistens 1 mm lang, mit schrägen, etwas gebogenen Riefen. Da diese von ungleicher Höhe und Breite sind, so erscheinen sie auf abgeriebenen Exemplaren als unregelmässige Gruben.

Peneroplis pertusus Forskal.
Taf. III, Fig. 9—12.

Die Schale dieses Rhizopoden hat W. B. Carpenter so ausführlich beschrieben (Philos. Transact. Vol. 149, 1860, p. 2, Pl. 1 u. 2. — Introd. to the study of the Foramin., 1862, p. 84, Pl. 7), dass ich seine Mittheilungen nur durch wenige Zusätze zu ergänzen brauche.

Die seitlichen Aussenflächen der Kammerwände sind gewölbt und erscheinen bei schwächeren Vergrösserungen der Länge nach gerieft. (Fig. 9.) Die Riefen sind Verdickungen der Wand durch aufgelagerte, meist rundliche Plättchen von verschiedenen Grössen, was erst bei Anwendung stärkerer Vergrösserungen deutlich wird (Fig. 10 u. 11). Die seitlichen Innenflächen der Kammerwände sind regelmässig konkav und glatt. Wo aussen jene verdickenden Plättchen liegen, sind innen weder Erhöhungen noch Vertiefungen.

Carpenter beschreibt jene Plättchen als „rows of extremely minute punctations" und als „depressions of the surface".

Dieser Auffassung entsprechen auch die Abbildungen, welche Carpenter von der vergrösserten Oberfläche giebt, und erwecken die Vorstellung, als seien die Wandflächen von Peneroplis porös, was durchaus nicht der Fall ist, wie Carpenter selbst ausdrücklich bemerkt.

Die Keimkammer ist kugelförmig, die nachfolgenden Kammern lagern sich in Spiralfolge um sie herum. Die Kammern der ersten Windung stehen durch je einen Gang mit einander in Verbindung (Fig. 12); in den folgenden Windungen treten um so mehr Gänge auf, je höher die Kammern werden. Die Oeffnungen der Kammergänge sind von warzenförmigen Papillen umgeben (Fig. 10 u. 12).

Peneroplis pertusus wurde in zahlreichen jungen Exemplaren im Darm eines scheibenförmigen Seeigels, Maretia planulata Gray, vom Fouquets-Riff gefunden.

Der erste Beschreiber dieses Rhizopoden ist Forskal, der die Schalen desselben häufig im Meeressande bei Suez fand. Er nennt ihn Nautilus pertusus. (Descriptiones Animalium, ed. C. Niebuhr Havniae 1775, p. 125.) Ehrenberg bildet Exemplare aus dem Rothen Meere ab. (Abhandl. d. Berliner Akad. aus d. J. 1838, S. 127, Taf. II.) Er nennt die Species Peneroplis (Montfort) planatus Fichtel u. Moll. Sehr ähnlich den Exemplaren von Mauritius ist die von D'Orbigny Peneroplis elegans genannte Form von Cuba. Sagra, Hist. de l'Ile de Cuba, Foram. 1839, p. 61, Taf. VII, 1, 2).

Ausführliches über die Synonymie und Literatur haben Parker und Jones zusammengestellt (Ann. u. Mag. of natural hist. Vol. VIII, 1861, p. 235 und XV, 1865, p. 231).

Alveolina Boscii Defr.
Taf. III, Fig. 13—15, Taf. IV, Fig. 1.

Sie ist spindelförmig, 1,5—2 mm breit und 0,75 mm dick (Taf. III, Fig. 13).

An grösseren Exemplaren findet man 9 von Spitze zu Spitze laufende Linien. Dies sind die Grenzen der Querreihen der Kammern der letzten Windung. Rechtwinkelig auf diese Querlinien stossen unter einander parallele Längslinien, bei grösseren Exemplaren 60—70 in der letzten Querreihe (Taf. III, Fig. 15).

Dies sind die Scheidewände der neben einander liegenden Kammern einer Querreihe. Die letzte Windung wickelt alle vorhergehenden ein, was besonders Längsschliffe der Schale deutlich machen (Taf. IV, Fig. 1).

Die Kammern sind nach aussen konvex, nach innen konkav und in den letzten Windungen meistens vier mal so lang als hoch (Taf. IV, Fig. 1).

Die Scheidewände zwischen den Kammern einer und derselben Querreihe liegen dem Hauptlängsschnitt der Schale parallel.

Die Kammern benachbarter Querreihen sind getrennt durch Scheidewände, welche von der konkaven Seite der Umgänge ausgehen und schräg nach vorn und unten gerichtet sind (Taf. IV, Fig. 1, Qs).

Die Kammern einer und derselben Querreihe kommuniciren mit einander durch runde Oeffnungen, welche das Vorderende der Längsscheidewände durchbrechen (Taf. IV, Fig. 1, Qg).

Die Gänge zwischen den Kammern benachbarter Querreihen stehen durch Oeffnungen in Verbindung, welche zwischen dem ventralen Rande der Querscheidewände und der konvexen Fläche der vorhergehenden Windung geblieben sind (Taf. IV, Fig. 1, Lg).

Mit der Aussenwelt kann die Sarkode nur durch die Oeffnungen der letzten Kammerreihe in Verkehr treten (Taf. III, Fig. 14).

Die Keimkammer ist kugelförmig; sie liegt in dem Centrum der Schale. Die ersten Windungen sind mehr konvex als die späteren (Taf. IV, Fig. 1) und die Zahl der Kammern nimmt mit der Zahl der auf einander folgenden Querreihen zu.

Ich habe diese Art nur in todten Exemplaren in dem weissen Kalkschlamm am Grunde des Kanals zwischen dem Küstenriff und dem Fouquets-Dammriff gefunden.

Alveolina Boscii wurde von Defrance als neue Art unter dem Namen Orizaria Boscii beschrieben in dem Dictionn. des Scienc. nat. XVII livr. nach tertiären Exemplaren, die bei Paris gesammelt waren. D'Orbigny erkannte diese Art an (Tabl. meth. Foram. in: Ann. d. sc. nat. VII, 1826, p. 306). Er citirt bei derselben die Abbildung von G. A. Deluc in: Second Mém. sur la Lenticulaire numismale. Journ. de Physique, de Chimie, d'Hist. nat. et des arts par Delamétherie T. 54, Paris 1802, p. 173. Pl. I, Fig. 13 u. 14.

Nach dieser Abbildung, der Deluc nur eine kurze Erklärung hinzufügt (p. 176) rechne ich die vorliegende Alveolina von Mauritius zu dem Speciesbegriff Boscii Defr.

Ueber die sehr verwickelte Synoymie der Gattung Alveolina handeln Parker und Jones ausführlich in: Ann. of nat. hist. VIII, 1861, p. 161.

Alveolina Melo. Fichtel et Moll.
Taf. IV, Fig. 2 u. 3.

Diese Art ist melonen- oder zitronenförmig. Grosse Exemplare sind 1,5 mm breit und 1 mm dick und haben in der letzten Windung, welche alle vorhergehenden einwickelt, 9 Querreihen von Kammern und in der letzten Querreihe über 40 Kammern (Fig. 3). Die Kammern sind nach aussen konvex und nach innen konkav wie bei Alveolina Boscii. Die Längsschliffe dieser beiden Arten sind sich sehr ähnlich. Die Kammern sind bei A. Melo ebenso wie bei A. Boscii durch Quergänge im Vorderende der Längsscheidewände und durch Längsgänge am ventralen Rande der Querscheidewände mit einander verbunden.

Unter den Alveolinen-Exemplaren, welche ich in dem Kanal zwischen dem Küsten- und Dammriff von Mauritius gefunden habe, sind keine Formübergänge zwischen der spindelförmigen A. Boscii und den melonenförmigen Exemplaren, die ich soeben beschrieben habe. Deshalb muss ich die letztere Form auch als besondere Art betrachten, und ich halte sie mit der von Fichtel und Moll unter dem Namen Nautilus Melo beschriebenen und abgebildeten Form für identisch. (L. a Fichtel et J. P. C. a Moll, Testacea microscopica, 1803, p. 118, tab. 24.) O'Orbigny erkannte diese Art an in: Tabl. meth. Foram. Ann. des sc. nat. VII, 1826, p. 306. Er citirt hier ausser den Abbildungen von Fichtel und Moll noch die Abbildungen in der Encyclop. method. Vers, coquilles, III, Paris 1827, Pl. 469, Fig. 1a–f. Blainville hat zwei dieser Figuren kopirt auf Taf. II, Fig. 2 u. 2a seiner Malacologie et Conchyl., Paris 1825. Er nennt die Art aber nach Lamarck Melonites sphaerica.

In den Foraminiferes fossiles du Bassin de Vienne, Paris 1846, bildet D'Orbigny Alveolina Melo Tab. VII, Fig. 15 u. 16 mit etwas kürzerer Queraxe ab als Fichtel und Moll und betrachtet eine ihr nahe stehende Form mit etwas längerer Queraxe als eine neue Art, die er Alveolina Haueri nennt. (Das. S. 148, Tab. VII, Fig. 17 u. 18.) Nach meiner Auffassung sind diese in dem Tertiär bei Wien vorkommenden Formen nur Varietäten von A. Melo Ficht. et Moll, welche diesen Autoren bereits bekannt waren. Die Varietät A. Haueri stellen sie dar in ihren Figuren a b und c und die Varietät Melo in ihren Figuren g und h.

Von Alveolina pulchra D'Orb. von Cuba unterscheidet sich A. Melo durch weniger Querreihen von Kammern in der letzten Windung und durch weniger Kammern in den Querreihen. (Ramon de la Sagra. L'Ile de Cuba. Foram. par A. D'Orbigny, p. 70, Taf. VIII, Fig. 19. u. 20.)

Sehr verschieden sind diese beiden Alveolinen von Mauritius von Alveolina Quoyii D'Orb. (Ann. sc. nat. VII, 1826, Pl. 17, Fig. 11–13). Ich habe verschiedene Schliffe dieser Art von den Viti-Inseln untersucht und sie im Innern genau so komplizirt gefunden, wie sie W. B. Carpenter beschrieben und abgebildet hat. Introd. Foram. 1862, p. 99, Pl. VIII, Fig. 13—15.

Orbitolites complanata Lam.
Taf. IV, Fig. 4 u. 5, Taf. V, Fig. 1—5.

Die grössten Exemplare, die ich bei Mauritius ausserhalb des grossen Korallenriffes im Südosten der Insel 30 bis 40 m tief dredschte, haben einen Scheibendurchmesser von 8 mm. Die Scheibe ist ziemlich regelmässig kreisrund, selten gebogen, im Centrum dünner als am Rande.

Die Längsdurchmesser der oberflächlichen Kammerwände (auf der Scheibenfläche) sind grösser, als ihre Querdurchmesser (in der Richtung der Scheibenradien). Nach dieser Eigenschaft stimmen die Mauritius-Orbitoliten mit derjenigen Varietät überein, welche W. B. Carpenter als „Simple type" beschreibt und abbildet. (Philos. Transact. Vol. 146, 1855, p. 197, Tab. V, Fig. 1, 4, 5, und Introd. Foram. 1862, p. 107, Tab. IX, Fig. 1—6.) — Hier ist Orbitolites complanata so ausführlich und genau beschrieben, dass ich mich nur auf einige Carpenter's Mittheilungen ergänzende Bemerkungen beschränke.

Die Kammerwände sind aus sehr feinen Schichten zusammengesetzt (Taf. IV, Fig. 5; Taf. V, Fig. 1 u. 3) und erscheinen in dünnen Schliffen bei durchfallendem Lichte schwach gebräunt. Die Kammerhöhlen sind mit einer sehr dünnen farblosen Chitinhaut ausgekleidet, wie bei andern Foraminiferen (Taf. IV, Fig. 4). Carpenter konnte diese Haut in den von ihm entkalkten Exemplaren nicht finden. Ich habe sie sowohl bei Exemplaren von Mauritius, als auch bei andern von den Riffen der Samoa-Inseln deutlich gesehen, nachdem ich den Kalk durch verdünnten Holzessig langsam ausgezogen hatte. Innerhalb der Kammerhäute liegt häufig kontrahirte braune Sarkode; ausser dieser enthielten viele Kammern Diatomeen und manche auch Kieselnadeln (Taf. V, Fig. 4).

In den Mauritius-Exemplaren gehen von dem langen Spiralgang, der die Keimkammer mit der zweiten Kammer verbindet, gewöhnlich keine Gänge ab zu den Kammern der folgenden Windung (Taf. V, Fig. 5), wie Carpenter in Introd. For. S. 108, Fig. XXIV abbildet. Hierin stimmen die Orbitoliten von Mauritius mit der Abbildung überein, welche Carpenter von einem entkalkten Exemplar a. a. O. Tab. IV, Fig. 14 giebt.

Lamarck's kurze Beschreibung der Orbitolites complanata steht in Hist. nat. des anim. s. vertèbres 2. Éd. Tome II, 1836, p. 302. Hier wird auf Abbildungen von Schweigger, Blainville u. A. verwiesen, denen die Mauritius-Exemplare entsprechen. Diese Abbildungen sind jedoch sehr unvollkommen im Vergleich mit den vortrefflichen Bildern Carpenter's, auf dessen oben citirte Schriften ich auch im Betreff der Synonymie verweise.

II. Perforata.

Carpenteria Rhaphidodendron Moeb.
Taf. V, Fig. 6—10; Taf. VI, Fig. 1—6.

Carpenteria Rhaphidodendron ist ein Wurzelfüssler mit einer aus fremden Körpern und kohlensaurem Kalk bestehenden baumförmigen Hülle. Er bildet rasenförmige Stöcke, welche eine Flächenausdehnung von 70 mm und eine Höhe von 30 mm erreichen.

Die Stämme, Aeste und Zweige verbreiten sich unregelmässig nach allen Richtungen ihre Querschnitte sind kreisförmig, elliptisch, eirund oder unregelmässig. Die Basen benachbarter Stämme sind gewöhnlich durch wurzelförmige, geflechtbildende Ausläufer verbunden. Bei unverletzten Exemplaren ragen aus den Enden der Zweige Nadeln hervor (V, 9).

Die Farbe reiner Exemplare ist ein mattes Weiss.

Ein kleines einzelnes Bäumchen, welches im Ganzen nur 1 mm hoch war, ist Taf. V, Fig. 6 dargestellt. Es wurde bei 25maliger Vergrösserung nach dem Leben gezeichnet. Der Stamm ist rund und verhältnissmässig kurz; aus ihm entspringen schräg aufsteigende runde Aeste, von denen dünne Zweige abgehen. Aus den Höhlungen, welche das ganze Bäumchen als ein zusammenhängendes Röhrensystem durchziehen, ragen Büschel von Schwammnadeln und ähnlichen Körperchen hervor; sie setzen die Verzweigungen des Bäumchens bis zu feinen Spitzen fort, welche nur aus einzelnen Nadeln bestehen. Diese Nadeln hängen so fest aneinander, dass sie sich nicht trennen, wenn man die Zweige durch Präparirnadeln im Wassertropfen hin- und herbewegt. Sie werden durch einen struktur- und farblosen Kitt verbunden, der durch Essigsäure, Salpetersäure, Salzsäure und Chromsäure nicht aufgelöst wird, der also zu den chitinartigen Stoffen gehört. In manchen Winkeln, welche nebeneinander liegende Nadeln bilden, ist er deutlich sichtbar (V, 10 a b c).

Die Nadelspitzen sind jedoch noch nicht die letzten Enden der Zweige des lebendigen Bäumchens; denn unter stärkeren Vergrösserungen sieht man, dass von den Nadeln noch weiter in das Wasser hinaus feinverzweigte Plasmastränge ausstrahlen, in welchen aus- und eingehende Körnchen zu verfolgen sind (VI, 1, 5).

Das Plasma ist der lebendige Leib der Carpenteria Rhaphidodendron, die Nadeln dienen diesem als Gerüst und Hülle; die weisse Masse der Stämme, Aeste und Zweige ist eine Kalkrinde, womit das Nadelgerüst bekleidet wird.

Aussen in dieser Kalkrinde bemerkt man schon bei 90maliger Vergrösserung recht deutliche Poren (VI, 5). Diese Poren sind die äussern Oeffnungen schlauchförmiger Kanäle, welche die Rinde quer durchsetzen (VI, 2, 4).

In einzelnen Stämmen und verkitteten Massen neben- und übereinander gelagerter Stämme und Zweige werden sie in Dünnschliffen sehr deutlich, wenn man diese einige Tage in alkoholische Lösungen von Fuchsin oder Anilinblau legt und dann diese Farbstoffe durch Wasser fällt. Das Anilin, welches dabei auf den äusseren Schliffflächen niedergeschlagen wird, entfernt man leicht durch wenige Schleifzüge. Werden darauf die Schliffe getrocknet und in Canadabalsam gelegt, so zeigen sie sehr schön die Form und Richtung der Kanäle (VI, 2).

In der Regel durchsetzen die Kanäle die Rinde in einem rechten Winkel, doch krümmen sie sich zuweilen, besonders in der Nähe eines andern anstossenden Zweiges. Gewöhnlich bleiben sie einfach, doch treten auch dichotome Kanäle auf (VI, 2). Ihr Durchmesser beträgt meistens 10—11 Mikromillimeter, bleibt sich aber nicht überall gleich, da schwache Anschwellungen und Einschnürungen auf einander folgen. Auch haben die beiderseitigen Mündungen der Kanäle gewöhnlich einen grösseren Durchmesser, als der Schlauch selbst. Die Entfernungen der Kanäle von einander sind meistens grösser als ihre Durchmesser (VI, 2). In dünnen Querschliffen der Kalkrinde bemerkt man hellere und dunklere Parallellinien als Folgen der schichtenweisen Ablagerung der Rindenmasse.

Wird die Kalkrinde durch verdünnte Salzsäure langsam aufgelöst, so bleibt eine häutige

Auskleidung ihrer Höhlungen und auch der Kanäle übrig (VI, 3). Hier ist recht deutlich zu sehen, dass die beiden Enden der Kanäle trompetenförmig erweitert sind, das innere Ende jedoch mehr als das äussere. Die auskleidende Haut verhält sich gegen Reagentien wie chitinöse Substanzen. Sie ist stets strukturlos und in den grösseren Höhlungen gewöhnlich gelblichbraun. Die Hautschläuche der Kanäle sind grösstentheils sehr dünn und farblos, aber in mehr oder weniger regelmässigen Abständen durch gelbbraune Ringe verdickt (VI, 3).

Es ist mir nicht gelungen, die Entwicklung von Carpenteria Rhaphidodendron vom ersten Keimzustande an zu verfolgen. Aber aus Beobachtungen lebender Exemplare von verschiedenen Grössen und aus der Untersuchung zahlreicher Präparate, die ich aus wohlerhaltenen heimgebrachten Exemplaren herstellte, schliesse ich, dass in dem Entwicklungsgange derselben folgende Zustände auftreten werden.

Der junge Sarkodeleib liegt zuerst ohne Nadelgerüst und ohne Kalkhülle an der Fläche eines Korallenblockes. Er streckt Pseudopodien aus, ergreift damit Schwammnadeln und andere leichte Körperchen, welche der Wasserstrom heranträgt und bewegt dieselben einwärts. An die zuerst ergriffenen und bis an die Unterlage gezogenen Nadeln setzen sich die ihnen nachfolgenden an. Um die centrale Sarkodemasse werden sie scheidenförmig herumgelagert, in den Pseudopodien zu dünnen Zweigen aneinandergefügt. Das ganze Nadelgerüst ist also eine Nachahmung der Form des lebendigen, Pseudopodien ausstrahlenden Sarkodeleibes. In dem Maasse, wie der Sarkodeleib durch aufgenommene Nahrung zunimmt und wie das Nadelgerüst wächst, dringen auch die Pseudopodien zahlreicher und weiter in das umgebende Wasser ein, während an der Basis des Gerüstes die Bildung einer Rinde von kohlensaurem Kalk beginnt, welche von hier aus aufwärts fortschreitet. Die ersten Kalklagen, welche auf dem Nadelgerüste erscheinen, besitzen keine Poren, aber sobald die Rinde etwas dicker wird, treten Kanäle in denselben auf; diese müssen also durch Auflösung und Resorption des kohlensauren Kalks an bestimmten Stellen entstehen. Diese Resorption muss anfangs an weit von einander entfernten Punkten stattfinden, und darauf in den noch porenfreien Zwischenräumen. Man kann dies verfolgen, wenn man die Fig. 5, Taf. VI von oben nach unten gehend betrachtet. Sie stellt das Ende eines Zweiges dar, welcher mit einer jungen Kalkrinde bedeckt ist.

Die Kalkrinde wird dicker, indem auf die äussere Fläche der älteren Schichten neue Schichten gelagert werden. Diese Auflagerung von Schichten kann so weit gehen, dass verschiedene Zweige eines Bäumchens oder verschiedene Zweige benachbarter Bäumchen mit einander verschmelzen. An der Basis der Bäumchen wird endlich kohlensaurer Kalk in Form wurzelförmiger Ausläufer abgesetzt, welche zu unregelmässigen Netzen verschmelzen können (V, 9). Aus diesen und aus den Rindenmassen bilden sich feste Unterlagen für neue Zweige, und so entstehen rasenförmige Massen, welche nach verschiedenen Richtungen mehrere Centimeter messen.

Abgeschliffene Schnittflächen solcher Massen zeigen unregelmässige Höhlungen mit Zwischenräumen von ungleicher Dicke, welche in verschiedenen Richtungen von Kanälen durchsetzt sind. Man mag die Schnittflächen führen wie man will, wagerecht zur Unterlage des Rasens, senkrecht oder schief gegen dieselbe, immer erhält man ähnliche Ansichten wie die Fig. 7 u. 8, Taf. V und Fig. 6, Taf. VI darstellen. Das einzige Regelmässige in solchen Schnitten und Schliffen sind die Rindenkanäle (VI, 6).

Die Verdickungsschichten der Rinde werden von denjenigen Sarkodemassen ausgeschieden, welche aus den Höhlungen herauskommen und sich über die Aussenfläche der Rinde verbreiten. Eine andere Bildungsweise der Verdickungsschichten ist nicht annehmbar. Sie allein erklärt die Verschmelzung von Zweigen, die vorher getrennt waren, und die Verkittung und Einbettung fremder Körper in der rasenförmigen Masse, z. B. kleiner Schnecken- und Muschelschalen, welche ebenso gross sind wie die stärkeren Stämmchen der Carpenteria selbst.

Eine exogene Ablagerung von Kalk findet übrigens auch bei andern Foraminiferen statt, z. B. bei den Gattungen Polystomella, Calcarina, Tinoporus und Globigerina, wie W. B. Carpenter gezeigt hat (Foraminifera p. 50, 61, 182).

Carpenteria Rhaphidodendron ist auf dem grossen Korallenriff bei dem Fouquets-Eiland im Südosten der Insel Mauritius in der Nähe der Brandungslinie so häufig, dass sie mit zu den riffbildenden Thieren gerechnet werden muss. Ausserdem habe ich sie auch auf dem Riff vor der Mündung des Black River gefunden, hier aber nicht so häufig, als auf dem Fouquetsriff. In dem Museum Godeffroy in Hamburg fand ich Carpenteria Rhaphidodendron neben vielen Exemplaren von Distichopora aus dem Grossen Ocean von dem Marschall-Archipel.

Zur Geschichte der Gattung Carpenteria.

Die Gattung Carpenteria stellte J. E. Gray auf: On Carpenteria and Dujardinia, two genera of a new form of Protozoa with attached multilocular shells filled with Sponge, apparently intermediate between Rhizopoda and Porifera. Proceed. of the Zool. Soc. of London. Part 26, 1858, p. 266 und Annal. and Mag. of nat. hist. 1858, II, 381. Er beschreibt hier eine konische Form von den Philippinen, in welcher er Kammern in spiraler Folge fand, unter dem Speciesnamen balaniformis und bildet sie in einigen Holzschnitten ab.

Eine genauere Beschreibung derselben Form mit besseren Abbildungen gab W. B. Carpenter: Philos. Transact. Vol. 150, Part I, 1860, p. 564, Pl. 22 und Introd. to the Foraminifera 1862, p. 186, Pl. 21.

H. J. Carter hat eine Species C. monticularis, gleichfalls mit spiral folgenden Kammern, aufgestellt. Ann. nat. hist. Vol. 19, 1877, p. 211, Pl. XIII und Ann. nat. hist. Vol. 20, 1877, p. 68.

In den Carpenterien von Mauritius habe ich keine spirale Anordnung der Höhlungen gefunden. Sie sind die ersten Carpenterien, die lebend beobachtet wurden. Ich lege ihnen den Speciesnamen Rhaphidodendron, Nadelbäumchen, bei, um damit die Form ihrer ersten baumförmigen Hülle zu bezeichnen. Auf der Naturforscherversammlung zu Hamburg nannte ich diese Foraminifere Rhaphidodendron album, bin aber jetzt der Ansicht, dass sie unter die Gattung Carpenteria zu setzen ist.

Gray und Carpenter fanden Spongiennadeln auch in ihren Exemplaren und hielten sie für Bildungen der Carpenterien selbst. Meine Beobachtungen geben eine vollständige Aufklärung über die Art und Weise, wie die Nadeln von aussen in die Carpenterien hineinkommen und von ihnen verwendet werden.

Der Gattungsbegriff Carpenteria kann nun folgendermassen gefasst werden:

Pseudopodien fadenförmig und sich verzweigend.

Hülle anfangs aus Spongiennadeln und ähnlichen Fremdkörpern zusammengesetzt, auf welchen sich eine feine chitinöse Haut und eine von Porenkanälen durchsetzte Kalkrinde lagert; mit einer oder mit mehreren Mündungen; an der aboralen Seite angewachsen.

Die Gattung Carpenteria gehört in der Abtheilung der Rhizopoda reticularia zu den Perforata. Sie bildet einen Uebergang von derjenigen Gruppe, welche ihre Hülle blos aus fremden Körpern zusammensetzen, zu denjenigen Foraminiferen, welche sich eine Kalkschale bilden, die nur einfache Porenkanäle enthält. Unter diesen ist sie die primitivste Form, die wir kennen. Ihre starre Hülle ahmt die Verzweigungen nach, welche die lebende Sarkode annimmt. Keines der Bildungsgesetze, welche sich bei anderen Foraminiferen dadurch geltend machen, dass sich Kammern von ähnlicher Form in einer gewissen regelmässigen Folge an einander reihen, tritt bei Carpenteria Raphidodendron auf.

Polytrema miniaceum Pallas.
Taf. VII.

Dieser Wurzelfüssler bildet warzenförmige Krusten oder Bäumchen mit kurzen, verhältnissmässig dicken Stämmchen, oder rasenartig verschmolzene Gruppen solcher Bäumchen (Taf. VII, Fig. 1—6). Die meisten Exemplare sind dunkel karminroth, doch kommen auch viele hellrothe vor und sogar einzelne röthlichweisse. Die Farbe der Zweigspitzen ist gewöhnlich heller als die Farbe der Stämme.

Die Grösse ist sehr verschieden. Die Ansatzfläche (der Fuss) krustenförmiger Exemplare hat im Ganzen eine grössere Ausdehnung, als die Ansatzfläche baumförmiger Exemplare. Ich habe Krusten gefunden, deren Fussplatte bis 14 mm lang ist. Die grösste mir vorgekommene Ausdehnung der Fussplatte baumförmiger Exemplare beträgt 9 mm. Die krustenförmigen Exemplare bleiben verhältnissmässig niedrig, indem sie nur kurze warzenförmige Zweige tragen. Ihre ganze Höhe beträgt gewöhnlich nur 1—1,5 mm. Bei baumförmigen dagegen steigt die Länge auf 4—5 mm. Die Fussplatte der baumförmigen hat oft eine geringere Ausdehnung, als die vertikale Höhe und die Ausbreitung der Zweige.

Ich lasse hier eine tabellarische Uebersicht der ausgemessenen Stöckchen folgen.

Nr. des Exemplares	Grösste Ausdehnung der Fussplatte in mm.	Grösste Höhe in mm.	Arbreitung der kalkigen Aeste in mm.	Nr. des Exemplares	Grösste Ausdehnung der Fussplatte in mm.	Grösste Höhe in mm.	Ausbreitung der kalkigen Aeste in mm.
a. Aestige Exemplare von Mauritius.				b. Krustige Exemplare von Mauritius.			
1	1	1,5	1	9	6	1,5	
2	2	2		10	7	1,5	
3	2	4	3	11	14	1	
4	3	3		c. Aestige Exemplare aus dem Golf von Neapel.			
5	3	3,5					
6	4	5	5	12	2,5	1	2,5
7	7	3		13	2,5	2,5	3
8	9	3		14	2,5	2,5	4

Die ästigen Exemplare bilden sich an solchen Stellen aus, wo die Bewegungen des Wassers weniger zerstörend auf sie einwirken können, in der Bucht von Neapel z. B. in 18 m

Tiefe; bei Mauritius 27 bis 45 m tief bei der kleinen Koralleninsel la Passe; auf dem flachen Fouquets-Riff an der Unterseite von Korallenkalkblöcken in einspringenden Vertiefungen. Die flachen Exemplare findet man dagegen an solchen Stellen, wo Strömungen und Wellen dünne Zweige abbrechen würden, z. B. an den Seitenflächen und an hervorragenden Punkten der Unterseite von Korallenblöcken und auf Schalen von Schnecken, welche auf Korallenriffen in der Nähe der Brandung leben, wo sie heftigen Wasserstössen ausgesetzt sind.

In den zoologischen Sammlungen trifft man meistens nur krustige Exemplare an, wahrscheinlich deshalb, weil solche in den höchsten, dem Strande am nächsten liegenden Theilen der Korallenriffe am leichtesten zu sammeln sind. Gewöhnlich sind dieselben abgerieben, so dass sie nun noch flacher erscheinen, als sie ursprünglich in ihrem unverletzten Zustande waren.

Der innere Bau der Polytremahülle muss an durchscheinenden Aesten, sowie an Durchschnitten und Dünnschliffen studirt werden. Alle Stämme, Aeste und älteren Zweige enthalten eine centrale Kammer, um welche sich andere Kammern kreisförmig oder spiralig herumlagern. Oft ist die Centralkammer viel grösser, als die um sie herumliegenden Kammern (VII, 7). Ihre grösste Ausdehnung haben die Kammern gewöhnlich in der Richtung der oralen Axe, welche meistens vertikal verläuft (VII, 7a). Durchschnitte der Kammern in dieser Richtung sind gewöhnlich eirund. In Querschnitten erscheinen sie dagegen meistens kreisförmig (VII, 10).

Die Kammern stehen unter einander in Verbindung durch Röhren, die sich an ihren Einmündungen in die Kammerräume trichterförmig erweitern (VII, 7, 8, 13). Die Hauptachse dieser Kammergänge bilden mit den Hauptachsen der Kammern in der Regel rechte, oder von diesen nur wenig abweichende Winkel. Viele Röhren der äussersten Kammerlage münden mit der einen Seite so lange auf der Oberfläche des Stammes und der Zweige (VII, 7, 8), bis sich neue Kammern über ihnen gebildet haben.

Die ausgebildeten Kammerwände enthalten Porenkanäle, welche gewöhnlich rechtwinklig von der Wandfläche der Kammer ausstrahlen, um auf der äussern Fläche der Hülle oder in benachbarten Kammern zu münden (VII, 7). Der Durchmesser der Porenkanäle älterer Kammerwände beträgt 4—5 Mikromillimeter.

In der Wand der Kammergänge sind keine Porenkanäle; sehr oft aber werden die Mündungen derselben durch Kammerwandschichten, welche Porenkanäle enthalten, siebartig bedeckt (VII, 7, 13 u. 14). Eine solche siebartige Decke haben auch viele Kammergangmündungen, welche in der Aussenfläche der Polytremahülle liegen (VII, 11). Fig. 11 stellt ein Stück der Aussenfläche eines Stämmchens dar. Die geschlossenen, dunkelrothen Linien sind diejenigen Stellen, wo die äusserste Wandlage mit den inneren Kalkmassen verschmolzen ist. Die Oberfläche der äussersten Schicht liegt höher und erscheint daher im auffallenden Lichte heller als die von den dunkelrothen Linien eingeschlossenen Felder. Die ganze Oberfläche zwischen diesen Feldern ist gleichmässig porös von den ausmündenden Porenkanälen. Auch viele der eingeschlossenen Felder sind porös. Es sind die siebartigen Decken der an die Aussenfläche tretenden Kammergänge. In manchen Gängen ist die Siebdecke noch nicht vollständig geschlossen (VII, 12 l).

Löst man den kohlensauren Kalk der Polytremahülle durch schwache Säuren langsam auf, so bleiben chitinöse Auskleidungshäute der Kammern, der Kammergänge und der Porenkanäle zurück (VII, 16). In jüngern Zweigen sind diese Häute zarter und heller als in ältern Zweigen, Aesten und Stämmen, wo sie gewöhnlich eine gelbe oder braune Farbe haben.

Die zarten, röhrenförmigen Auskleidungen der Porenkanäle haben ringförmige, gelbliche Verdickungen.

Sehr häufig sind die Kammern mit gebräunter Sarkode angefüllt (VII, 17) und oft enthalten sie auch Schwammnadeln von verschiedenen Formen (VII, 7). In den Mündungen der Endzweige gut erhaltener Polytremastöckchen habe ich stets Spongiennadeln gefunden (VII, 9, 15).

Es ist mir nicht möglich gewesen, die Entwickelung des Polytremakeimes zu verfolgen. Nach wiederholten Vergleichungen des Baues jüngerer und älterer Polytremastöckchen bin ich zu folgenden Ansichten über die Bildung derselben gelangt.

Ein hüllenloser, plasmatischer Keim, der auf einer festen Unterlage Platz genommen hat, streckt Pseudopodien aus; gelegentlich halten diese Spongiennadeln fest, welche ihnen der Wasserstrom zuführt, und bewegen sie proximal. Die Nadeln legen sich einzeln oder zu kleinen Bündeln vereinigt als lockere Hülltheile auf den Sarkodeleib, über welche sich dann eine Rinde von kohlensaurem Kalk lagert. In dieser entstehen bald nachher durch Resorption Porenkanäle, durch welche die Sarkode auf die Aussenfläche der Kalkrinde gelangen kann, theils um Verdickungsschichten auf dieser abzusetzen, theils um Pseudopodien ebenso wie durch Hauptmündung in das umgebende Wasser zu senden.

Ist erst der Sarkodeleib durch die Anfänge der Hülle gestützt, so theilt er sich, während er wächst, in gleichförmige, kleinere, meistens rechtwinklig von seiner Hauptachse abgehende Zweige und in andere dickere von ungleicher Richtung und Grösse. Die Kalkhüllen jener kleinen Sarkodezweige werden Kammergänge, die Kalkhüllen der grösseren bilden neue Kammern in der Richtung der oralen Axen. Die aus den Anlagen der Kammergänge austretenden Sarkodemassen liefern Kalk zur Bildung neuer Kammern, welche die centralen Kammern ringartig umlagern.

In Stöckchen, die aus wenigen Kammerschichten bestehen, bleibt die Sarkode der inneren Kammern durch zahlreiche Porenkanäle in Verbindung mit der Sarkode der Aussenkammern (VII, 7, 8). Aber in alten, aus vielen Kammerschichten zusammengesetzten Stöckchen werden die meisten Porenkanäle der innern Kammern mit Kalk ausgefüllt.

Zur Geschichte von Polytrema miniaceum.

Der erste Zoolog, welcher die äusseren Eigenschaften von Polytrema miniaceum unter dem Namen Millepora miniacea für seine Zeit gut beschrieb, war P. S. Pallas: Elenchus Zoophytorum 1766, p. 251. — J. Ellis et Solander geben eine ähnliche Beschreibung unter dem Namen Millepora rubra in Natural History of Zoophytes 1786, p. 137. — J. F. Gmelin nahm den Speciesnamen Millepora miniacea von Pallas in seine 13. Edition des Linneischen Syst. Nat. auf. Tom. I, Pars VI, p. 3784. — E. J. Ch. Esper beschreibt „die zinnoberrothe Punktkoralle", Millepora miniacea, ausführlicher und besser als seine Vorgänger und bildet sie ziemlich gut colorirt ab: Die Pflanzenthiere in Abbildungen nach der Natur I, 1791, p. 225. Millep. Tab. 17, Fig. 1—4.

Den Gattungsnamen Polytrema stellte (nach de Blianville's Man. d'Actinologie p. 411) Risso auf in seiner Hist. nat. des princip. productions de l'Europe mérid. V, 1826, p. 340, wo er eine nach seiner Ansicht neue Art unter dem Namen Polytrema corallina beschrieb, die aber mit miniacea Pall. übereinstimmt.

H. M. de Blainville beschreibt Polytrema miniaceum kurz in seinem Manuel d'Actinologie ou de Zoophytologie, Paris 1834, p. 410, unter der Familie Milleporés. Seine Abbild. Taf. 59, Fig. 4 u. 4a sind viel unvollkommener als die Esper'schen.

1841 sprach F. Dujardin die Vermuthung aus, dass Polytrema zu den Rhizopoden gehöre. Hist. nat. des Zoophytes, Infusoires, p. 259. — 1862 beschrieb W. B. Carpenter Polytrema als Foraminifere. Introd. to the Study of the Foraminifera p. 235, Pl. 13. Fig. 18—20. — Eine gute Beschreibung mit genauen Abbildungen des innern Baues von Polytrema miniaceum veröffentlichte Max Schulze im Archiv für Naturgesch. 1863, I, p. 80, Taf. 8. Die Spongiennadeln, welche er in den Polytremenstöckchen fand, glaubte er einer als Parasit darin lebenden Spongie zuschreiben zu müssen. — G. J. Allman, welcher lebende Polytremen bei Mentone untersuchte. glaubt, dass die Spongiennadeln nur zufällig in sie hineinkommen, weil er in vielen Exemplaren gar keine fand. Ann. and Mag. of nat. hist. 1870, V, p. 372. — 1874 beobachtete ich an lebenden Exemplaren von dem Fouquetsriff bei Mauritius, dass die Spongiennadeln durch die Pseudopodien in das Innere der Polytremenkammern eingeführt werden. — H. J. Carter erkannte dasselbe an gut erhaltenen Polytremenstöckchen, die von Mauritius nach England geschickt worden waren. On the Polytremata (Foraminifera) especially with reference to their mythical hybrid nature. Ann. and Mag. of nat. hist. 1876, XVI, 185, Pl. 13.

Polytrema miniaceum ist im Indischen Ocean, in Westindien und im Mittelmeere gefunden worden. Im Museum Godeffroy in Hamburg fand ich es neben vielen Exemplaren von Distichopora von Viti, Tahiti und dem Marschall-Archipel.

Im System der Foraminiferen ist Polytrema an Carpenteria anzureihen, denn die erste Anlage ihrer Hülle ist, wie bei dieser Gattung, baumförmig. Spongiennadeln verwendet sie nur wenig oder gar nicht zur Bekleidung ihres Sarkodeleibes. Sie ist eine höher ausgebildete Form als Carpenteria, weil sie den Stamm und die Aeste mit unregelmässig concentrischen Lagen von Kammern umgiebt, welche durch regelmässige Gänge in Verbindung stehen.

Spirillina vivipara Ehrbg.
Taf. VIII, Fig. 1 u. 2.

Die Schale ist eine konkav-konvexe, aus Spiralwindungen zusammengesetzte Scheibe, die vom Centrum aus gegen die Peripherie hin allmählich dicker wird (VIII, 1). Die nachfolgenden Windungen umschliessen die vorhergehenden. Die peripherischen Wände der Windungen nehmen nach aussen hin an Dicke zu (VIII, 1 u. 2). Die Seitenwände sind flach, und in allen Windungen dünner als die peripherischen Wände (VIII, 2). In den etwas konvexen (rechten) Seitenwänden der Windungen liegen Poren in einer Reihe in der Nähe der peripherischen Wände. Da ich in dem letzten Theile der jüngsten Windung keine Poren angetroffen habe, so schliesse ich, dass die Poren erst nach der Ausbildung der Seitenwände durch örtlich begrenzte Auflösung des Schalenstoffes entstehen.

Der grösste Durchmesser der auf dem Fouquetsriff gefundenen Exemplare beträgt 0.25—0,27 mm.

Spirillina vivipara ist bis in die arktischen Meere verbreitet (Parker and Jones, Foram. from the N. Atlantic and Arctic Oceans. Phil. Transact. Vol. 155, 1865, p. 397).

Ueber die Aufstellung der Gattungsbegriffe Spirillina und Cornuspira und die Verschiedenheiten beider findet man das Nähere in Carpenters Introd. to the study of the Foramin. London 1862, p. 68 und 180.

Lagena striata d'Orb.
Taf. VIII, Fig. 3.

Schale wasserhell, durchsichtig, eiförmig, mit feinen Längsrippen und sehr feinen Porenkanälen. An den Polen der Hauptachse ist sie in eine längere und eine kürzere Röhre ausgezogen. Das Ende der längeren Röhre ist verdickt und etwas ausgebogen. Der proximale Theil derselben ist durch ringförmige Wülste verdickt. Die kürzere Röhre ist glatt und von geringerem Durchmesser als die längere.

Mit der hier beschriebenen Lagenaform hat die Lagena Lyellii Seguenza (Seguenza, Foramin. Monotalamici delle Mare Miocen. di Messina II, 1862, p. 52, Tab. I, Fig. 40), nach Bradys Darstellung viele Aehnlichkeit (Ann. n. hist. 1870, Vol. VI, p. 292, Pl. XI, Fig. 7). Williamsons Mittheilungen über die von ihm beobachteten Lagenaformen (Rec. Brit. Foram. p. 4) wie auch die Bemerkungen Brady's a. a. O. über Lagena Lyellii veranlassen mich, dem älteren Artnamen Oolina striata d'Orbigny den Vorzug zu geben, indem ich ihn mit dem Artbegriff Oolina caudata desselben Verfassers verschmelze. (d'Orbigny, Voyage Amér. mérid. p. 21 u. 19, Pl. V, Fig. 12 u. 6).

Entosolenia lucida Will.
Taf. VIII, Fig. 4.

Schale eiförmig, mit feinen Poren; am oralen Pol mit breiterem Saum, an dem aboralen Pol mit schmalem Saum. Die innere Mündungsröhre ist gerade, in den meisten Exemplaren ungefähr $1/3$ so lang wie die Hauptachse. Die innere Mündung derselben ist nicht selten gabelförmig ausgeschnitten, wie die Abbildung zeigt.

Grösse 0,120—0,225 mm lang, 0,075—0,127 mm breit.

Ich halte diese Lagena für artgleich mit der von Williamson als Entosolenia marginata Var. lucida beschriebenen Lagena-Form (Rec. For. of Gr. Br. p. 10, Fig. 22 u. 23).

Entosolenia alata Moeb.
Taf. VIII, Fig. 5.

Die Schale ist eiförmig, mit breitem Saum umrandet. Manche Exemplare haben an dem aboralen Pol eine Spitze. Die innere Mündungsröhre ist ungefähr halb so lang wie die Schalenhöhle, gerade und nach innen zu etwas trichterförmig erweitert. Die Poren sind fein.

Da ich diese Entosoleniaform mit keiner beschriebenen Art identificiren kann und auch keine Uebergänge zwischen ihr und andern bei Mauritius lebenden Arten gefunden habe, so muss ich sie als neue Art anführen. Von Entosolenia lucida unterscheidet sie sich durch folgende Eigenschaften: Ihre poröse Wand ist dünner, ihre Innenröhre ist trichterförmig; ihr Saum läuft in gleicher Breite rund um die Schale.

Entosolenia perforata Moeb.
Taf. VIII, Fig. 6.

Die Schale ist eiförmig, hat einen ganz kurzen Mündungshals, ist beiderseits gesäumt und zeichnet sich durch weite Porenkanäle aus. Die innere Mündungsröhre ist gerade und ungefähr $1/3$ so lang wie die Längsachse.

Grösse 0,260 mm lang, 0,160 mm breit.

Weite der Poren 0,0045 mm.

Entosolenia marginata Walker.
Taf. VIII, Fig. 7 u. 8.

Die Schale ist elliptisch, stark bikonvex; der Mündungspol ist ein wenig spitzer als der entgegengesetzte. Aeltere Exemplare sind am schärferen Rande mit einem Saum umgeben, welcher über den porösen Theil der Schale hinausreicht. Die Mündung ist elliptisch; das innere Mündungsrohr ist gebogen und läuft nahe unter der einen konvexen Schalenfläche bis gegen das aborale Ende der Schalenhöhle (Fig. 1). In einem grösseren Exemplare fand ich eine Uförmig gebogene, trichterförmig erweiterte Röhre. Die Porenkanäle sind fein; sie liegen weniger dicht als in den meisten andern Arten. Ich halte diese Entosolenia-Form für artgleich mit denjenigen Formen, welche Williamson (Recent. Foram. of Gr. Brit. p. 10, Fig. 19—21) und Reuss (Lageniden, Sitz.-Bericht Wien. Akad. 1862, p. 322, Taf. 2, Fig. 22, 23) als E. marginata Walk. abbilden und beschreiben. d'Orbigny nennt diese Form Oolina compressa. (Voy. Amér. mér. For. p. 18, Taf. 5, Fig. 1, 2.)

Sie ist im Atlantischen und Stillen Ocean, im Mittelmeere, im Nördl. Eismeer und in tertiären Ablagerungen gefunden worden.

Entosolenia quadrata Williamson.
Taf. VIII, Fig. 9.

Die Schale ist fast cylindrisch eiförmig und sehr dünn. Der Mündungspol ist etwas spitzer als der entgegengesetzte. Die innere Mündungsröhre ist walzenförmig, gerade oder gebogen und bis $2/3$ so lang wie die Schale. Die Poren sind fein.

Williamson betrachtet diese Form als eine Varietät von L. marginata (Rec. For. of Gr. Brit. p. 11, Fig. 27 u. 28). Reuss hält sie für eine Varietät von L. lucida (Lageniden a. a. O. p. 324, Taf. 2, Fig. 25 u. 26).

Ich finde sie, wenn ich alle Theile derselben in Betracht ziehe, so abweichend von L. mariginata Walk. und von L. lucida Will. nach meiner Begrenzung dieser Artbegriffe, dass ich die L. quadrata als eine wohl zu unterscheidende Art betrachte.

Segueza nennt sie Fissurina recta (Foram. Monotalam. Mioc. Messina 1862, p. 58, Fig. 53).

Entosolenia rudis Reuss.
Taf. VIII, Fig. 10.

Die Schale ist eiförmig mit kurzem Mündungshals, 0,165 mm lang und 0,110 mm breit. Das innere Mündungsrohr ist $4/5$ so lang wie die Längsachse der Schalenhöhle, gerade und an der innern Oeffnung etwas trichterförmig erweitert. Die Länge des Mündungshalses beträgt nur

$^1/_{10}$ der Länge der ganzen Schale. Die Aussenfläche der Schale ist mit runden, warzenförmigen Erhöhungen dicht besetzt, in und zwischen welchen sich sehr feine Poren befinden.

In der Monographie der Lageniden von A. E. Reuss (Sitzungsber. der naturwiss. math. Kl. der Wien. Akad., Bd. 46, 1. Abth., Jahrg. 1862) wird Tafel 6, Fig. 82 eine Lagena aus dem schwarzen Crag von Antwerpen sehr unvollkommen abgebildet und p. 336 sehr kurz beschrieben, welche ich mit der hier beschriebenen für artgleich halte.

Entosolenia aspera Reuss.
Taf. VIII, Fig. 11 u. 12.

Diese Art ist eiförmig, 0,280 mm lang und 0,190—0—200 mm breit. Der Mündungshals ist sehr kurz. Die innere Mündungsröhre ist gerade, $^2/_3$ bis $^3/_4$ so lang wie die orale Achse der Schale; an der äusseren Oeffnung ist sie trichterförmig mehr erweitert als an der inneren.

Die Oberfläche der Schale ist mit scharfkantigen Dörnchen besetzt, welche meistentheils die Form eines regulären Tetraëders haben. Nur auf der vordern Abtheilung habe ich einige unregelmässige grössere Dörnchen bemerkt.

In den Sitzungsberichten der Wiener Akademie, math.-naturwissenschaftl. Klasse Bd. 46, 1. Abth. 1862,—p. 335, wird von Reuss eine Lagena aus dem Kreidetuff von Maastricht sehr kurz beschrieben und auf Taf. 6, Fig. 81 in unvollkommener Weise abgebildet, welche ich mit der vorliegenden genauer beschriebenen und abgebildeten Form unter einen Artbegriff bringe und dafür den Reuss'schen Namen aspera annehme.

Pavonina flabelliformis d'Orb.
Taf. VIII, Fig. 13—15.

Schale fächerförmig, 0,8 mm breit, 0,7 mm lang und 0,15 mm dick. Die Keimkammer ist ziemlich kugelförmig, die nachfolgenden Kammern sind konkav-konvex. Sie setzen sich zweireihig alternirend aneinander. Die jüngeren Kammern greifen immer weiter über die vorhergehenden Kammern hinweg, als die älteren, wodurch die Breite der Schale älterer Exemplare eine grössere Ausdehnung gewinnt als die Länge. Die konvexen Wände der Kammern sind dicker als die beiden ebenen.

Die beiderseitigen flachen Kammerwände sind zuweilen an einzelnen Stellen unregelmässig wellig (Fig. 13 w).

Alle Seiten der Schale sind porös. Die meisten Kammern haben in den ebenen Wänden zwei bis drei unregelmässige Reihen Poren. In der konvexen Wand der letzten Kammer sind 5—6 Reihen von Poren (VIII, 15). Die Porenkanäle verlängern sich nach aussen in kurze Röhren, deren Basis gewöhnlich etwas weiter ist als das Ende (VIII, 13, 14). Die Weite der Poren der meisten Kammern beträgt 0,004—0,005 mm. In der letzten Kammer sind sie etwas enger (nur ungefähr 0,003 mm).

d'Orbigny beschrieb diese Foraminifere sehr kurz in den Ann. des sc. nat. 1826, p. 260, und bildete sie daselbst Pl. 10. Fig. 10—12 unvollkommen ab nach einem von Madagascar erhaltenen Exemplar. Eine ausführlichere Beschreibung veröffentlichte er in Foraminifères fossiles du Bassin tert. de Vienne 1846, p. 72. Die hier Taf. 21, Fig. 9 u. 10 stehende Abbildung ist wohl nur eine künstlerisch vervollkommnete Nachbildung der 1826 bekannt gemachten Figur; denn in beiden Figuren kehren dieselben wesentlichen Fehler wieder: 1. eine ungefähr konzentrische Aneinanderlagerung der Kammern in einer Reihe; 2. nur eine einzige Reihe von Poren in der konvexen Wand der letzten Kammer.

Auf Grund dieser falschen Abbildungen vermutheten Parker u. Jones, dass d'Orbigny's Pavonina flabelliformis vielleicht eine symmetrische Peneroplis-Form oder eine halbkreisförmige Orbitolites sein möchte (Ann. n. hist. XII, 1863, p. 440). Gegen diese Ansicht hat sich mit vollem Rechte H. B. Brady ausgesprochen, als er Pavonina flabelliformis unter den von E. Percival Wright bei den Seychellen gesammelten Foraminiferen aufzählte (Ann. of nat. hist. XIX, 1877, p. 105) und in dem Quarterly Journ. of Microsc. sc. Vol. XIX, 1879, p. 68, wo er die erste richtige Beschreibung und Abbildung der alterinirenden Folge der Kammern giebt (Pl. 8, Fig. 29 u. 30). Er erwähnt jedoch nicht, dass die Porenkanäle in hervorragende Röhren übergehen und dass die konvexen Kammerwände mehrere Reihen von Poren haben. Ich kann nicht annehmen, dass diese bei Pavonina von mir allein wahrgenommenen Eigenschaften einer andern Species angehören sollten. Die feinen Porenröhren werden durch Reibung leicht abbrechen und die Zahl und Anordnung der Poren in den konvexen Kammerwänden ist nur dann mit völliger Sicherheit zu erkennen, wenn die Schale in ruhige vertikale Stellung gebracht wird, was nicht leicht gelingt.

Brady's Beschreibung stützt sich auf Exemplare von Westindien und aus dem Grossen Ocean.

Globigerina bulloides d'Orb.

Diese weit verbreitete Foraminifere fehlt auch nicht in dem Kalkschlamm der Korallenriffe von Mauritius. d'Orbigny führt sie auf in Annal. des sc. nat. VII, 1826, p. 277.

Parker, Jones u. Brady bilden sie ab in: Ann. of nat. hist. 1865, XVI, Pl. II, Fig. 55.

d'Orbigny's Globigerina rubra und G. siphonifera, beschrieben und abgebildet in: Foraminif. de Cuba, p. 82 u. 83, Tab. IV, Fig. 12—14 und 15—17, sind wohl identisch mit G. bulloides. d'Orbigny sagt hier selbst, dass diese Formen und auch seine G. globularis von Isle de France der G. bulloides sehr nahe stehen. Von G. globularis führt er in den Ann. des sciens. nat. VII, 1826, p. 277 nur den blossen Namen auf.

Ehrenberg's Glob. depressa aus dem plastischen Thon von Aegina (Mikrogeologie Taf. XIX, Fig. 92) und Gl. faveolata aus dem Kalkmergel von Caltanisetta (Mikrogeologie Taf. XXII, Fig. 74) sind wohl artgleich mit bulloides von d'Orbigny.

Abbildungen und Beschreibungen vollständiger Schalen mit lebenden Thieren verdanken wir C. Wyville Thomson (The Voyage of the Challenger. The Atlantic, I, 1877, p. 210, Fig. 46).

Ich habe nur Schalen ohne Stacheln gefunden.

Textilaria folium Park. Jon.
Taf. VIII, Fig. 16 u. 17.

Die grössten Exemplare sind 0,4 breit; die Höhe ist stets etwas geringer als die Breite. Die Profilansicht eines Exemplars, welches auf der rechten oder linken Seite liegt, erscheint als ein Dreieck mit konvexer Basis und mit konkaven Seiten.

Die Keimkammer ist kugel- oder linsenförmig, gewöhnlich trägt sie an der aboralen

Seite eine, seltener zwei Spitzen. Die folgenden Kammern sind konkav-konvex, an ihrem oralen Ende weiter als an dem aboralen Ende, wo die Kammerwand meistens spitzwinkelig hervorragt. Auf der rechten und linken Seite der Schale läuft eine Kalkleiste von der Keimkammer gegen die Basis herab. Ein Schalendurchschnitt, der diese Leiste rechtwinkelig schneidet, ist rautenförmig.

An der konvexen Seite der letzten Kammerwände grösserer Exemplare treten in der Nähe der Mündung gewöhnlich warzenförmige Erhöhungen auf (VIII, 16).

Die Porenkanäle sind sehr fein. Unter 16 Exemplaren, die in dem Darm einer Maretia planulata von Mauritius gefunden wurden, befinden sich vier Stück, welche aus zwei zusammengewachsenen Individuen bestehen (VIII, 17). Alle vier stimmen darin überein, dass das grössere Individuum ungefähr doppelt so viele Kammern hat als das kleinere und dass beide die Mündungen ihrer letzten Kammern gegen einander kehren. Hier hängen sie so fest zusammen, dass sie durch kochende Kalklauge nicht von einander gelöst werden. Vielleicht ist diese Verwachsung eine geschlechtliche Conjugation.

Parker und Jones bilden diese Textilaria als eine Varietät von T. agglutinans d'Orb. unvollkommen ab in: Philosoph. Transactions Vol. 155, London 1865, p. 370, Pl. XVIII, Fig. 19.

Was sie über diese Textilaria mittheilen, besteht in folgenden Worten (a. a. O. p. 420): „A very thin Textularia, with linear chambers, usually unequal in their length, and forming a flat, pectinated, irregularly triangular or subrhomboidal shell seldom so symmetrical in shape as the figured specimen. Shore-sand near Melbourne."

Textilaria agglutinans d'Orb.
Taf. IX, Fig. 1—8.

Schale ziemlich kegelförmig, seitlich etwas zusammengedrückt; die eine Seite ist gewöhnlich mehr konvex als die andere; oft ist auch die dorsale Seite etwas schärfer als die ventrale. Die Kammerfurchen an der Oberfläche stehen schief oder rechtwinkelig auf der Längsachse (IX, 1, 2). Die Oberfläche ist rauh von Sandkörnchen, welche mit der Schale verkittet sind. Die Mündung ist schmal halbmondförmig (IX, 3).

Die meisten Exemplare, die ich auf dem Riff von Mauritius fand, sind 1—2 mm lang, ungefähr halb so hoch und $1/3$ so breit. Einige waren 3 mm lang und 2 mm hoch. Es giebt schlankere und kürzere Exemplare und zwischen solchen alle Uebergänge (Fig. 1—3).

Die Kalkschicht der Schale ist eine sehr dünne Auskleidung der aus verkitteten Sandkörnchen zusammengesetzten äusseren Schalenmasse (Fig. 4—7).

In der Kalkschicht entspringen Porenkanäle, welche durch die Sandkornschicht nach aussen strahlen. In Schliffen habe ich sie nur in den jüngeren Kammern bis an die Oberfläche der Sandschicht verfolgen können (Fig. 8).

Die Kammern sind mit brauner chitinöser Haut ausgekleidet, welche nach Behandlung mit schwachen Säuren, wodurch die Sandschicht und die Kalkauskleidung der Schale zerstört werden, in der Form der Kammerhöhlungen zurückbleibt. Die Porenkanäle enthalten auch eine bräunliche, chitinöse Haut, welche aber viel zarter ist, als die chitinösen Kammerhäute.

Die äussere Farbe der Schale hängt ab von dem Material, welches das Thier für die sandige Schalenschicht verwendet. Die Exemplare von Mauritius sind grösstentheils bläulichgrau, einige gelblichweiss.

Die Gattung Textilaria stellte Defrance 1724 auf (Diction. des sc. n. 32, p. 177). d'Orbigny acceptirte sie (Ann. des sc. nat. VII, 1826, p. 262). Ausführlicheres über die Geschichte derselben theilten Parker und Jones mit (Ann. n. hist. XII, 1863, p. 218). Die besten Beschreibungen verdanken wir Max Schultze (Organismus der Polythalamien, 1854, p. 62) und W. B. Carpenter (Introd. Foram. 1862, p. 189). — Ich glaube die Kenntniss der Textilarien durch bessere Abbildungen der Schale, als wir bisher besassen, weiter gefördert zu haben.

Die vorliegende Art stimmt am meisten mit der Beschreibung und den Abbildungen überein, welche d'Orbigny von der westindischen Form gegeben hat, die er, ihrer Sandkruste wegen, Textularia agglutinans nannte (R. de la Sagra, Hist. de L'Ile de Cuba. Foramin. par A. d'Orbigny, 1839, p. 144, Tab. I, Fig. 17, 18, 32—34).

Seiner Bemerkung, dass die Kammerscheidewände nicht schräg, sondern rechtwinklig auf die Längsaxe stossen, lege ich keinen besonderen Werth bei, da die Exemplare in dieser Beziehung variiren, wie ich oben bemerkt und auch in meinen Fig. 1 u. 2 dargestellt habe.

Nach W. B. Carpenter und W. C. Williamson (Recent Foramin. of Great Britain 1858, p. 74) kitten alle Textilarien Sandkörnchen auf ihre Kalkschale. Die vorliegende Species scheint dies aber in einem besonders hohen Grade zu thun; denn sie ist von der ersten Kammer an mit einer dicken Sandkruste überzogen.

d'Orbigny führt in seiner ersten Uebersicht der Foraminiferen (Ann. sc. n. VII, 1826, p. 263) eine Textularia communis von Isle-de-France an. Da er diesem blossen Namen keine Beschreibung und Abbildung beifügt, so hat er keine wissenschaftliche Bedeutung für die Foraminiferenfauna von Mauritius.

Textularia agglutinans ist bis in das nördliche Eismeer verbreitet (Parker und Jones, Foram. from the N. Atlantic and Arctic Oceans. Phil. Transact. Vol. 155, 1865, p. 411).

Bolivina punctata d'Orb.
Taf. IX, Fig. 9 u. 10.

Die Schale ist konisch-walzlich bis spindelförmig mit 6 bis 8 Windungen. Grössere Exemplare sind 0,6 mm lang und gewöhnlich $1/4$ bis $1/3$ der Länge breit; selten erreicht die Breite die Hälfte der Länge (IX, 10). Die Weite der Porenkanäle beträgt 0,0025 mm. Auf die kugelförmige Keimkammer folgen konkav-konvexe Kammern mit allmälich zunehmender Weite. Die Mündungen der Kammern sind halbmondförmig bis dreieckig mit abgerundeten Ecken.

d'Orbigny beschrieb diese Form in: Voyage dans l'Amérique méridionale, V, 1839, p. 63, Tab. 8, Fig. 10—12. Ich halte folgende Arten für identisch mit derselben:

Textularia caribaea d'Orb. (Foram. de Cuba 1839, p. 145, Tab. I, Fig. 28).

Textularia linearis Ehbg. aus dem Kalk der Katakomben von Theben. Ehrenberg, Mikrographie, Taf. 23, Fig. 7. Taf. 24, Fig. 16 u. 17.

Grammostomum spatiosum Ehbg. vom Antilibanon. Mikrog. Taf. 25, Fig. 14.

Grammostomum Polytheca Ehrb.

Grammostomum Caloglossa Ehrb. vom Antilibanon (das. Fig. 16—20).

Grammostomum phyllodes Ehrb. und Gr. siculum Ehrb. aus weissem Kalk von Sicilien (Das. Taf. 26, Fig. 14—16).

Max Schultze bildet den Weichkörper einer Textilaria von Mosambique ab: Polyth. Taf. VII, Fig. 28, welche wahrscheinlich ebenfalls T. punctata ist.

H. B. Brady führt Bolivina punctata unter den von P. Wright bei den Seychellen gefundenen Foraminiferen an. (Ann. of nat. hist. Jan. 1877, p. 105.)

Bolivina thebaica Ehrb.
Taf. IX, Fig. 11.

Kleine durchsichtige, kegelförmige oder etwas spindelförmige Schalen von 0,175 mm Länge und 0,09 bis 0,10 mm Breite, bei 8—10 Windungen. Die Porenkanäle haben einen Durchmesser von 0,0014 mm; sie sind also nur halb so weit wie bei Bolivina punctata.

Ich nehme für diese kleine Bolivina den Ehrenberg'schen Speciesnamen thebaica an, lediglich auf Grund der Abbildung, welche er in der Mikrographie Taf. 24, Fig. 20 u. 21, von seinem Grammostomum thebaicum gegeben hat. Wahrscheinlich sind mehrere andere Arten, die Ehrenberg aufgestellt hat, mit dieser identisch, z. B. Grammostomum subacutum (Mikrog. T. 25, 12), und Gr. convergens (Das. Fig. B4).

Die Foraminiferenfauna der Tertiärgebirge am Rothen Meere und Mittelmeere ist der Foraminiferenfauna von Mauritius offenbar sehr ähnlich, worauf ich auch durch die Annahme des Artnamens thebaica hinweisen wollte.

Bolivina plicata d'Orb.
Taf. IX, Fig. 12 u. 13.

Schale walzlich spindelförmig, durchsichtig, 0,3 bis 0,4 mm lang und weniger als $^1/_3$ dieser Grösse breit, mit 8—10 Windungen. Durchmesser der Porenkanäle 0,0017 mm. Auf der Aussenfläche der Kammern zahlreiche Leistchen, welche ungefähr die Richtung der Längsachse der Schale haben.

Ich halte diese Form für d'Orbigny's B. plicata. (Voy. Amér. mér. 1839, S. 62), gefunden an der Chilenischen Küste in grösseren Tiefen.

Wahrscheinlich sind identisch mit derselben folgende Arten:

Grammostomum costulatum Ehrbg. aus dem weissen Kalkfels des Antilibanon. (Mikrogeol. Taf. XXV, Fig. 21.)

Bolivina pusilla Schwager. Fossile Foramin. von Kar Nikobar. Reise der Novara. Geolog. Theil II, 1. Abth. 1866, p. 254, Taf. 7, Fig. 101.

Bolivina ambulacrata Moeb.
Taf. IX, Fig. 14 u. 15.

Die Schale ist trochoid und durchsichtig. Der Durchmesser der Basis beträgt 0,175 mm. Die Höhe misst ungefähr $^3/_4$ der Basisweite.

Die Kammern, welche auf die kugelförmige Keimkammer folgen, sind stark konkavkonvex, die Mündungen halbmondförmig. Exemplare der angeführten Grösse haben vier Windungen.

Porenkanäle befinden sich nur in der Nähe der äussersten grössten Umfangslinie der Kammern. Ihre Weite beträgt 0,002 mm.

Ich habe unter den genauer beschriebenen und abgebildeten Foraminiferen keine Bolivina finden können, deren Basis im Verhältniss zur Höhe so gross ist wie bei der vorliegenden und deren Porenkanäle Reihen bilden, wie die Fussporen in den Seeigelschalen.

Williamson bildet in Rec. Foram. of Great Brit. Pl. IV, Fig. 109—111 eine Rotalina Mamilla ab, welche auch Reihen von Poren hat. Von dieser Foraminifere ist die Bolivina ambulacrata jedoch durch die Zweizahl der Kammern in jeder Windung und durch ihre nur halb so grosse Ausdehnung sehr wohl unterschieden.

Discorbina concamerata Mont.
Taf. IX, Fig. 16 u. 17.

Schale bikonvex, 0,3—0,4 mm gross; auf der rechten Seite etwas stärker gewölbt als auf der linken (unteren). Die Peripherie ist ziemlich kreisrund; an den Kammeransätzen sind nur seichte Einsprünge. In der ersten Windung circa 7 Kammern, in den folgenden weniger, weil die späteren immer bedeutend länger werden als die früheren; ihre äusseren Grenzen sind daher sichelförmig.

Diese Abgrenzung der späteren Kammern unterscheidet die Discorbina concamerata von D. globularis. Sie hat auch weitere Porenkanäle als diese Art.

Montagu, Test. brit. Supplem. p. 160, nach Williamson, Recent Foram. of Gr. Britain p. 52, Fig. 101—105. — d'Orbigny's Rosalina araucana halte ich für artgleich mit D. concamerata (Voy. dans l'Amérique méridion., V. Foramin. Paris 1839, p. 44. Pl. 6, Fig. 16—18, M. Schultze's Rotalia veneta ist wahrscheinlich auch D. concamerata. (Polythal. p. 59, Taf. III, Fig. 1—5). Truncatulina lobatula Mont. nach d'Orbigny's Beschreibung und Abbildung in: Die fossilen Foraminif. des Wiener Tertiärbeckens 1846, p. 168, Taf. IX, Fig. 18—23, halte ich auch für D. concamerata.

Unter denselben Artbegriff fallen wahrscheinlich auch folgende Ehrenberg'sche Arten:
Planula spatiosa, Mikrogeol. Taf. XXI, Fig. 95.
Planula Pharaonum, Mikrogeol. Taf. XXIII, Fig. 35.
Planula Centoculus, Mikrogeol. Taf. XXIV, Fig. 45.
Rosalina pertusa, Abhandl. der Berlin. Ak. a. d. J. 1838, p. 133; Taf. IV, Fig. 8, ζ.

Discorbina globularis d'Orb.
Taf. IX, Fig. 18.

Schale gegen 0,3—0,4 mm gross. Die linke Seite derselben ist mehr gewölbt als die rechte. Die Peripherie ist tiefer gekerbt als bei Discorbina concamerata. Jede der zwei oder drei Windungen enthält 6 bis 7 Kammern. Die Porenkanäle stehen dichter und sind feiner als bei D. concamerata.

d'Orbigny, Annal. des sc. nat. 1826, p. 271, Pl. 14, Fig. 1—3. — Rosalina peruviana d'Orb. (Voy. dans l'Amér. mérid. V. Foram. p. 41, Taf. I, Fig. 12—14) und Rosalina valvulata d'Orb. (Foram. de Cuba p. 96, Tab. III, Fig. 21—23) sind wahrscheinlich artgleich mit D. globularis. Auch Williamsons Rotalia nitida halte ich für D. globularis (Rec. Foram. of Gr. Brit. p. 54, Fig. 106—108).

Ehrenberg's Asterospica Bakuana aus dem Kaspischen Meere ist wohl auch hierherzuziehen. (Mikrogeolog. Studien über das kleinste Leben der Meeresgründe. Abh. der Berl. Akad. a. d. J. 1873, p. 181, Taf. XII, Fig. 3.)

Discorbina inaequalis d'Orb.
Taf. IX, Fig. 19.

Schale bikonvex, eirund, bis 0,5 mm gross. Von der zweiten Windung an sind die Kammern höher als breit. Da die Höhen derselben nicht immer gleichmässig zunehmen, so wird die Peripherie oft buchtig. Die Porenkanäle stehen in gleicher Dichte auf beiden Seiten der Kammern.

d'Orbigny hat diese Form in der Voyage dans l'Amér. méridion., Foraminifères, Paris 1849, S. 48, beschrieben u. Pl. 7, Fig. 10—12, abgebildet. Er fand sie im Sande des Peruanischen Hafens Gallau.

Williamson beschrieb eine sehr ähnliche Foraminifere in Recent Foram. of Great Brit. 1858, p. 51, Fig. 98—100, unter dem Namen Rotalina oblonga.

Ehrenberg bildet eine ähnliche Form aus weissem Kalk des Antilibanon in seiner Mikrogeologie ab, Taf. 25, Fig. 27 u. 28. Er nennt sie Rotalia Haliotis.

Cymbalopora Poeyi d'Orb.
Taf. X, Fig. 1—5.

Von dieser Art habe ich auf dem Fouquets-Riff Schalen bis zu 0,6 mm Scheibendurchmesser gefunden.

Die ersten 12—15 Kammern lagern sich in spiraler Richtung um die Keimkammer (Fig. 1 u. 2); die darauf folgenden legen sich an diese mehr oder weniger regelmässig cyklisch an, so dass die Schale die Form einer Scheibe annimmt, an deren Peripherie runde Vorsprünge von ungleicher Grösse auftreten.

Mit der einen Seite legt sich die Cymbalopora an fremde Körper an. Die anliegende Seite ist bei jungen Exemplaren flacher, als die entgegengesetzte frei liegende Seite. Da an der flacheren Seite die Mündungen der Kammern liegen, so kann man sie Mundseite nennen, und die entgegengesetzte die Gegenmundseite.

Die Kammern haben nach der oralen Seite hin eine dünne, etwas konvexe Wand, welche entweder gar keine Poren enthält oder nur wenige Poren in der Nähe der Peripherie (X, 5). An dieser geht die orale Wand mit starker Krümmung in die aborale Wand über, welche sich an den peripherischen Theil einer älteren Kammer anschliesst. Die aborale Wand ist mehr gewölbt, aber kleiner als die orale, und enthält Poren, deren mittlerer Durchmesser 0,0054 mm beträgt. An ihren Mündungen sind die Porenkanäle etwas erweitert; an der äusseren Mündung mehr als an der inneren (X, 4, p).

Jede Kammer hat eine gegen das Centrum der Schale gerichtete Mündung a (X, 3, 4, 5). Den Raum, an welchen alle Kammermündungen stossen, kann man den Nabel der Schale nennen. Ausser der Nabelmündung besitzen die auf die Keimkammer folgenden Kammern noch Seitenmündungen (X, 3 u. 4, b). Die in der Nähe der Keimkammer liegenden Kammern haben jederseits nur eine Seitenmündung (X, 3); weiter davon entfernte Kammern haben zwei bis drei Seitenmündungen an einer oder an beiden Seiten (X, 4). Es können auch frühere Seitenmündungen wieder geschlossen werden. Diese verschiedenen Verhältnisse der Seitenmündungen sind in Fig. 4 veranschaulicht.

Je näher die Kammern der Keimkammer liegen, je länger sind ihre peripherischen Grenzbogen im Verhältniss zu ihrem Radius (Fig. 3); je weiter sich ihre peripherischen Grenzbogen von der Keimkammer entfernen, je länger werden ihre Radien (Fig. 4). Diejenigen Kammern, welche die ersten Spiralwindungen der Schale bilden, sind in einem höheren Grade ungleichseitig als die späteren, welche endlich fast gleichseitig werden. Jede nachfolgende Kammer überdacht oralwärts stets einen Raum zwischen zwei älteren Kammern.

Lebend habe ich die Planorbulina nicht beobachtet. Aus der Form der Schale schliesse ich, dass die Sarkode, welche eine neue Kammerwand ausscheidet, aus den Mündungen hervortritt, und dass die Porenkanäle hauptsächlich die Wege für die Pseudopodien sind, welche ausserhalb der Kammern Nahrung aufnehmen; denn in keiner einzigen Kammer vieler untersuchten Individuen habe ich Diatomeen oder andere Fremdkörper gefunden, welche bei anderen Foraminiferen durch grössere Mündungen in das Innere gezogen werden.

Von oben gesehen, hat Cymbalopora Poeyi Aehnlichkeit mit Planorbulina mediterranensis d'Orb. Betrachtet man aber ihre untere (orale) Seite, so erkennt man, dass sie einen ganz andern eigenthümlichen Bau hat.

Die erste unvollkommene Beschreibung und Abbildung derselben verdanken wir d'Orbigny. (Foraminif. de Cuba. 1839, p. 92, Pl. III, Fig. 18—30.) Er nennt sie hier Rosalina Poeyi nach dem Cubanischen Naturforscher Poey.

Der Gattungsname Cymbalopora rührt her von Fr. v. Hagenow, welcher Foraminiferen von diesem Bau als Bryozoen beschrieb (Die Bryozoen der Mastrichter Kreidebildung, Cassel 1851). Parker, Jones und Carpenter haben den Hagenowischen Gattungsbegriff Cymbalopora angenommen (Introd. Foram. p. 215, Pl. XIII, Fig. 10—12). Ich folge ihnen und glaube durch meine Beschreibung und meine Abbildungen einen wesentlichen Beitrag zur genaueren Kenntniss der Gattung geliefert zu haben.

Es ist sehr wahrscheinlich, dass Rosalina squamosa d'Orb. zu derselben Gattung gehört. (For. de Cuba, p. 91, Pl. III, Fig. 12—14.) d'Orbigny bemerkt in der Beschreibung dieser Art, dass sie der Rosalina Poeyi nahe stehe.

Die Gattung Cymbalopora schliesst sich an die Gattung Discorbina an. Ihre Schalenform ist wegen der Seitenmündungen in den Kammern als eine höhere Entwickelungsstufe anzusehen.

H. B. Brady fand Cymbalopora Poeyi unter Foraminiferen von den Loo Choo Islands. (Proceed. Roy. Irish Acad. Vol. II, Ser. 2, Science. 1876, p. 405).

Tretomphalus*) bulloides d'Orb.
Taf. X, Fig. 6—9.

Die Schale besteht aus stark gewölbten konkav-konvexen Kammern, welche sich in drei Windungen spiralig aneinanderreihen. Die Kammern der letzten Windung sind viel voluminöser als die der vorhergehenden. Besonders die letzte Kammer ist sehr gross und an ihrem

---

*) Von τρητός durchbohrt, und ὀμφαλός Nabel, Buckel eines Schildes.

der Keimkammer abgewendeten Pol mit halbkugelförmigen durchbohrten Buckeln besetzt (X, 7) und in dem Buckelfelde mit einer nach innen gerichteten Röhre versehen (X, 9). Der grössere Theil der letzten Kammer ist, wie alle übrigen Kammern, mit feinen Porenkanälen durchsetzt (X, 7, 9). Diese haben einen Durchmesser von 0,004 mm. Der Durchmesser der Buckel beträgt 0,014 mm, der Durchmesser ihrer Poren 0.008 mm.

Die ganze Schale hat eine Länge von 0,265 mm und eine Breite von 0,20—0,22 mm.

d'Orbigny beschrieb diese merkwürdige Foraminiferenform unter dem Namen Rosalina bulloides in: Foraminif. de Cuba 1839, p. 98, Tab. III, Fig. 2—5. Die Röhre in der letzten Kammer kannte er nicht.

W. B. Carpenter versetzte d'Orbigny's Rosalina bulloides unter die Gattung Cymbalopora Hagenow (Introd. Foramin. p. 215, Pl. XIII, Fig. 10—12). Die charakteristischen Eigenschaften dieser Gattung bestehen aber darin, dass die Kammern ihre Hauptmündung gegen einen tiefen oralen Nabel kehren und dass sie ausser einer Hauptmündung noch seitliche Mündungen besitzen. (Man vergleiche meine Beschreibung von Cymbalopora Poeyi S. 97). Diese Eigenthümlichkeiten fehlen Rosalina bulloides gänzlich, denn ihre Kammern communiciren durch weite Oeffnungen (X, 9, m, m). Ich halte es daher für zweckmässig, einen neuen Gattungsbegriff für diese Form aufzustellen, welcher nach meiner Auffassung folgende Merkmale hat:

Schale spiral gewunden, ohne oralen Nabel. In dem distalen Pol der letzten Kammer sind durchbohrte Buckel, in den übrigen Theilen der Schale gewöhnliche Porenkanäle. Von dem Buckelfeld ragt eine Mündungsröhre in das Innere der letzten Kammer hinein.

Die Gattung Tretomphalus ist an Discorbina anzureihen. In der Ausbildung der Buckelporen neben gewöhnlichen Porenkanälen spricht sich eine weiter fortgeschrittene Differenzirung des Discorbinentypus aus. Die innere Mündungsröhre weist auf den einfacheren Entosoleniatypus hin.

Amphistegina Lessonii d'Orbigny.
Taf. X, Fig. 10—14, und Taf. XI, Fig. 1—3.

Sie ist bikonvex; die rechte Seite ist gewöhnlich etwas stärker gewölbt als die linke. Der Rand ist nicht schneidend scharf, sondern abgerundet, jede letzte Windung bedeckt alle vorhergehenden ganz (umwickelt sie). Der grössere Theil der Mündung liegt an der gewöhnlich stärker gewölbten rechten Seite. Sie ist die letzte ungeschlossene Kammer. Ihr Umriss ist dreiseitig; die rechte und linke Lippe sind nach aussen konvex. Ihre untere Grenze bildet der Anfang des Rückens der letzten Windung. Das centrale Ende der rechten Lippe reicht fast bis an das Centrum der rechten Schalenseite (X, 11).

Farbe schwach gelblichweiss, schwach glasglänzend.

Grösse: der grösste Durchmesser beträgt 1 bis 2 mm, die Dicke halb so viel oder etwas mehr.

Die erste Kammer (Keimkammer) ist kugelförmig; alle nachfolgenden Kammern sind vorwärts (gegen die Mündung hin) konvex, und rückwärts konkav (X, 12; XI, 2 u. 3). Die Kammergänge liegen an der Bauchseite der letzten Windung und auf dem Rücken der vorhergehenden (X, 12, G).

Gewöhnlich von der dritten Kammer an bilden sich an der rechten und linken Kante ausspringende Lappen, welche in der ersten Windung kurz und einfach sind (XI, 3, a); in den folgenden werden sie länger, dann theilen sie sich in Zweige (XI, 3, b) und endlich bilden sie sogar Netze (XI, 3, c).

Legt man eine Amphisteginaschale einige Tage in eine alkoholische Lösung von Fuchsin und darauf in Wasser, so werden diese Kammerlappen deutlicher sichtbar (X, 11). Da die Kammern überall mit einer anliegenden chitinösen Haut ausgekleidet sind, so kann man sich die Formen derselben auch dadurch zur Anschauung bringen, dass man den Kalk der Schale durch Holzessig oder andere verdünnte Säuren langsam auflöst, bis nichts weiter übrig bleibt, als die Chitintapete der Kammern (XI, 3).

In Querschliffen der Schale erscheinen die Haupttheile der Kammern stark gekrümmt konkav-konvex (XI, 2, K), die Durchschnitte ihrer Lappen aber als Reihen länglichrunder Löcher (XI, 2, L). Es hängt von der Richtung und von der Entfernung der Schliffebene von der Mittelebene der Schale ab, ob mehr oder weniger Lappen getroffen und geöffnet werden. Die in Fig. 2 gezeichnete Querschliffebene zeigt nur an einer Seite Lappendurchschnitte.

Von allen konvexen Flächen der Kammern gehen einfache Porenkanäle durch die Kammerwände nach aussen, um die Sarkode auf dem kürzesten Wege nach der Oberfläche der Schale zu leiten (X, 12; XI, 2).

Innerhalb der gegen die Mittelpunkte der beiden Schalenseiten gekehrten Grenzen der Kammerwindungen werden scheibenförmige Kalkschichten abgelagert, welche keine Porenkanäle enthalten. Da der Umfang dieser Schichten von der ersten Windung an gegen die letzte hin allmälich wächst, so bilden diese kanalfreien Massen der Schale zwei Kegel, deren Spitzen gegen die Centralkammer gewendet sind und deren Grundflächen in der Mitte der linken und rechten Aussenfläche der Schale liegen (X, 11 und XI, 2). Diese kanalfreien kegelförmigen Massen der Schale sind glänzender und durchsichtiger als alle andern Abtheilungen derselben, weil das in sie eindringende Licht nicht durch Luftsäulchen zerstreut und reflektirt wird. Alle kanalführenden Theile der Schale dagegen sehen bei auffallendem Lichte weisslich aus. Kanalfrei sind auch die ventralen Hälften der Kammerscheidewände (X, 12, V) und die kleinen Felder zwischen den Lappen der Kammern (XI, 2, Z).

Der Durchmesser der Porenkanäle beträgt 0,0027 mm. Wo sie dicht beisammen liegen, entspringt ein jeder in einem polyedrischen, meistens sechseckigen Grübchen, wovon die innere Fläche der Kammern ein bienenwabenähnliches Ansehen erhält (X, 13, 14).

Wenn die chitinösen Häute, welche die Kammern auskleiden, durch Säuren freigelegt sind, erscheinen diese Grübchen auf ihnen als runde Erhöhungen, auf welchen die chitinösen Schläuche der Porenkanäle entspringen (XI, 1, E). Diese Schläuche haben ringförmige Verdickungen (XI, 1, Schl).

Amphistegina-Schalen bilden einen Hauptbestandtheil des gelblichweissen Kalksandes auf dem grossen Korallenriff im SO der Insel Mauritius. In einem gr Sand zählte ich 235 Stück, in einem andern gr 185 Stück. Im Durchschnitt kommen hiernach auf 1 gr 210 Stück, also auf 1 kgr 210,000 Exemplare der Amphistegina Lessonii.

Lebende Exemplare werden fast in allen Vertiefungen aufgenommener Korallenkalkblöcke angetroffen.

Geschichtliches. Die Gattung Amphistegina stellte A. D. d'Orbigny auf in den

Annales des scienc. nat. VII, 1826, p. 304. Unter den Foraminiferenarten, welche er zu der Familie Entomostegina rechnet, führt er auch die Art Amphistegina Lessonii von Ile-de-France auf und bildet dieselbe Pl. 17, Fig. 1—4 ab. Eine Beschreibung fügt er nicht hinzu. Wenngleich die vergrösserten Abbildungen 1—3 die Eigenschaften der Species nur unvollkommen darstellen, so glaube ich dennoch, dass d'Orbigny sie nach denselben Formen entwarf, welchen meine Abbildungen und Beschreibungen zu Grunde liegen. Die Exemplare, welche d'Orbigny vor sich hatte, sammelten Quoy, Gaimard, Gaudichaud und Lesson bei Mauritius ein (Annal. des scienc. nat. VII, 1826, p. 250).

Den innern Bau der Gattung Amphistegina stellte d'Orbigny irrig dar, was schon W. C. Williamson (On the minute structure of the calcarous shells of some recent Foraminifera. Transactions of the Microscopic. Society of London 1. Ser., III, 1852, p. 105, cit. in: Carpenter, Introduct. of the study of Foraminifera p. 241) und Max Schultze (Ueber den Organismus der Polythalamien 1854, p. 14 und 17) erkannten, als sie Amphistegina gibbosa von Westindien untersuchten.

Die beste Beschreibung der Gattungseigenschaften der Amphisteginen verdanken wir W. K. Parker, R. Jones und W. B. Carpenter (Introd. to the study of the Foram. 1862, p. 241, Pl. XIII, Fig. 22—29). Wer ihre Darstellungen mit den meinigen vergleichen will, wird finden, dass ich durch Anwendung von Farbstoffen und durch Auflösung des Kalks doch noch weiter gekommen bin, als meine verdienten Vorgänger.

Carpenter, Parker und Jones glauben keine Speciesunterschiede innerhalb der Gattung Amphistegina annehmen zu dürfen. Wenn diejenigen Formen, welche ihnen zur Untersuchung dienten, mit der Amphistegina von Mauritius unter einen Speciesbegriff zu stellen sind, so ist diesem Begriff deshalb der Name Amphistegina Lessonii beizulegen, weil d'Orbigny von dieser Art allein die erste Abbildung einer Amphistegina veröffentlichte und weil er zugleich Exemplare derselben in seinen „Modèles de Cephalopodes microscopiques vivans et fossiles, représentant un individu de chacun des genres et des sous-genres de ces Coquilles. Paris 1826" unter „Nr. 98 IVᵉ livr." ausgab (Ann. des scienc. nat. VII, 1826, p. 304).

Die Gründe, warum wir biologische Systeme nicht auf Gattungsbegriffe bauen dürfen, sondern auf Artbegriffe gründen müssen, bitte ich in der Einleitung nachzulesen.

Parker und Jones (Nomenclat. of Foramin. Part. X. Ann. of nat. hist. XVI, 1865, p. 34, Pl. III, Fig. 92) halten Amphistegina Lessonii d'Orb. für identisch mit Amphistegina vulgaris d'Orb., welche im südlichen Frankreich fossil gefunden wurde. Ihre unvollkommene Abbildung passt zu meinen Exemplaren von Mauritius.

Polystomella crispa L., Var. crassa.
Taf. XI, Fig. 4—7 u. Taf. XII.

Schale bikonvex, meistens bis 0,4 mm im Längsdurchmesser. Der Querdurchmesser ist halb so lang.

Die letzte Windung umschliesst die vorhergehenden.

Im Centrum jeder konvexen Seite sieht man bei einiger Vergrösserung eine Stelle mit Poren. Von diesen Stellen laufen Riefen nach der Peripherie der Windung. Bei Exemplaren von 0,4 mm Längsdurchmesser finde ich an jeder Seite meistens 28 solche Riefen. Diese sind die äusserlich hervortretenden Seitenränder der Scheidewände der Kammern der letzten Windung. Nach vorn (mundwärts) sind sie konvex, nach hinten konkav. In den Flächen zwischen den Riefen sind Grübchen, deren Hauptachse rechtwinkelig gegen die Riefen gerichtet ist (XI, 4). Alle erhabenen Theile der Schalenoberfläche sind weisslich und glänzend.

Ueber den inneren Bau belehren Längs- und Querschliffe der Schale und die entkalkten Weichkörper.

In guten Längsschliffen (XII, 1) durch die Mittelebene sieht man im Centrum eine kugelförmige Keimkammer, um welche sich in spiraliger Richtung konkav-konvexe Kammern herum lagern, deren peripherische Spitzen rückwärts gebogen sind. Die Seitenränder jeder Kammer sind tief gelappt (XI, 6 u. 7). Die vorspringenden Lappen nähern sich der Oberfläche der Schale am meisten in den zwischen den Grübchen hervortretenden Erhöhungen. Die Basen der Kammern sind bogenförmig ausgehöhlt (XI, 5, 6). Unter den Bogen der Kammern einer nachfolgenden Windung liegen die Kammern der vorhergehenden Windung (XI, 5, 6).

Die Kammern stehen durch Gänge in Verbindung, die in der Nähe ihrer Basis liegen (XI, 7, XII, 1). Ausserdem kommuniciren sie auch noch durch Porenkanäle (XII, 1). Die meisten Porenkanäle dienen jedoch der Sarkode als direkte Wege in die Grübchen oder nach der Oberfläche der Schale (XII, 1).

In der Centralmasse der beiden konvexen Seiten sind keine Porenkanäle; aber sie sind von grösseren Kanälen durchsetzt, welche bei der Keimzelle ihren Anfang nehmen, gegen die Oberfläche hin weiter werden und an den erhabensten Stellen der beiden konvexen Seiten münden. Sie entsprechen den länglichen Grübchen zwischen den Aussenrändern der Kammerscheidewände, denn sie nehmen ebenso wie diese Porenkanäle auf, die von Kammern auslaufen (XII, 1).

Sowohl diese centralen Kanäle als auch die Gruben zwischen den Kammerscheidewänden sind mit Wärzchen besetzt, deren Spitzen sich nach aussen wenden (XI, 5, XII, 1). Aehnliche Wärzchen befinden sich auch an den freiliegenden Oberflächentheilen (XII, 1).

Die Schalenmasse wird in Schichten abgelagert (XI, 5; XII, 1).

Die Kammern, die Kammergänge und die Porenkanäle sind mit einer feinen weisslichen chitinösen Haut ausgekleidet. Nach langsamer Entkalkung bleibt auch zwischen diesen Häuten ein feines chitinöses Gerüst zurück (XI, 7).

In der Zwischenkammermasse treten keine Kanäle auf, wie Carpenter bei Polystomella craticulata beschreibt (Introd. Foram. 279 und Taf. XVI, Fig. 7 u. 9). Zwischen den weichen Kammermassen entkalkter Exemplare sieht man oft strangförmige Chitinmassen; diese sind die kontrahirten Chitingerüste der aufgelösten Kalkmassen. Als Ausfüllungen und Auskleidungen von Kanälen dürfen sie nicht aufgefasst werden, theils weil sie sehr unregelmässige und unbestimmte Formen und Umrisse haben, theils weil in Schalenschliffen keine Spuren von verzweigten Kanälen zu sehen sind.

Exemplare von Polystomella crispa L. aus dem adriatischen Meere von Triest, welche ich Herrn Prof. F. E. Schulze in Graz verdanke, haben bei gleichem Scheibendurchmesser wie Exemplare von Mauritius (0,4 mm) nur 15 bis 16 Riefen und Grübchenreihen. Entkalkt und dünngeschliffen zeigen sie keine anderen inneren Eigenschaften als die mit 26 bis 28 Riefen und Grübchenreihen versehenen Mauritius-Exemplare. Ich halte deshalb diese nur für eine dickere und riefenreichere Varietät der Species crispa, und nicht für eine besondere Art.

Polystomella craticulata Fichtel u. Moll., welche wir erst durch Carpenter's Beschreibung genauer kennen gelernt haben, weicht in ihrem innern Bau von der typischen Polystomella crispa L. und der von M. Schultze als strigilata angeführten Var. dieser Art so sehr ab, dass ich es für zweckmässig halte, sie aus der Gattung Polystomella auszuscheiden und für sie einen eigenen Gattungsbegriff zu bilden. Für diesen schlage ich den Namen Helicoza vor (von ἕλιξ Spirale und ὄζος Ast).

Diagnose der Gattung Helicoza:

Schale bikonvex und fast kreisrund, mit abgeflachten Porenfeldern in der Mitte der beiden konvexen Seiten. Zwischen den Porenfeldern verlaufen zahlreiche Riefen und ebenso viele Porenreihen, welche mit den Riefen abwechseln. Von den centralen Kammern gehen einfache (selten verzweigte) Kanäle nach den Porenfeldern. In der Zwischenkammermasse sind Kanäle mit kurzen Zweigen.

Unterhalb der Peripherie der Porenfelder verläuft ein Spiralkanal, aus dem radiäre Zweige entspringen, welche an der Oberfläche der Schale münden (XII, 2A). Die Kammern stehen durch Längsgänge (G) in Verbindung. Porenkanäle strahlen von den Kammern nach der Oberfläche der Schale (Pk).

Nach Aufstellung des Gattungsbegriffes Helicoza für Polystamella craticulata lässt sich der Gattungsbegriff Polystomella durch folgende Merkmale charakterisiren:

Gattung Polystomella.

Schale bikonvex, spiral gewunden, mit konvexen Porenfeldern in der Mitte der konvexen Seiten. Zwischen den beiden Porenfeldern verlaufen Riefen; zwischen den Riefen sind Reihen von Grübchen. Von den centralen Kammern gehen einfache Kanäle nach den Porenfeldern. Die Kammern kommuniciren durch Längsgänge. Porenkanäle strahlen von den Kammern nach der Oberfläche und durchsetzen auch die Scheidewände zwischen den Kammern. In der Zwischenkammermasse sind keine verzweigten Kanäle enthalten.

Die neu aufgestellte Gattung Helicoza ist ein Bindeglied zwischen der Gattung Polystomella (nach meiner Abgrenzung derselben) und der Familie der Nummulidae (Nummulina, Operculina, Heterostegina).

Ueber Helicoza craticulata findet man Ausführliches in W. B. Carpenter's Introd. Foram. p. 279, Tab. XVI, Fig. 1—3, 7—9.

Parker u. Jones handeln über die Nomenclatur der Polystomella-Arten in: Ann. nat. hist. Vol. V, 1860, p. 98.

Die Varietät P. strigilata Ficht. Moll beschreibt M. Schultze in: Ueber d. Organism. d. Polythal. 1854, p. 13. 49 u. 53.

M. Schultze nahm irrthümlich an, dass die Grübchen der Schale gegen die Kammerhöhlen durchbohrt seien und dass die Höckerchen auf der Schale Poren enthielten. Diesen Irrthum hat schon Carpenter berichtigt.

F. E. Schulze hat die Weichmasse von Polystomella striatopunctata sehr gut beschrieben und abgebildet und in derselben Zellkerne gefunden (Rhizopodenstudien VI. In: Archiv für mikrosk. Anat. XIII, 1877, p. 14, Taf. 2, Fig. 4—6).

III. Canaliculata.

Operculina complanata Defrance.

Diese Foraminifere von dem Fouquetsriff hat W. B. Carpenter so ausführlich beschrieben und so vortrefflich abgebildet, dass ich hier nur noch das Wichtigere aus der Literatur derselben anführe.

Die erste kurze Beschreibung lieferte Defrance in dem Dictionnaire des sciences nat. par plusieurs Professeurs du Jardin du Roi. T. 25. Paris 1822, p. 453, nach fossilen Exemplaren aus Frankreich und Italien. Er stellte die Art unter die Gattung Lenticulites. Basterot nahm beide Namen an in den Mém. géol. sur le Bassin de Bordeaux 1825, p. 18.

d'Orbigny versetzte die Art 1826 unter seine neue Gattung Operculina. Tableaux méthod. Foram. Ann. des scienc. VII, 281, Pl. XIV, 7—10.

Parker u. Jones klärten die Synonymie auf. Annals and Mag. of nat. hist. VIII, 1861, p. 229.

W. B. Carpenter's vortreffliche Untersuchungen stehen in den Philosophical Transactions of the Roy. Soc. of London Vol. 149, 1860, p. 12, Pl. 1, 3, 4, 5, und in Introduction to the study of the Foram. 1862, p. 247, Pl. 17.

Genaue Vergleichungen sowohl der äusseren Form als auch zahlreicher Quer- und Längsschliffe von Exemplaren von dem Fouquetsriff mit den Abbildungen von Carpenter haben mich überzeugt, dass die von mir gesammelten Schalen der weitverbreiteten Art O. complanata angehören.

Rotalia Defrancei d'Orbigny.
Taf. XIV.

Die Schalen dieser Rotalia haben meistens einen Hauptdurchmesser von 1 mm und sind quer gegen denselben 0,4—0,5 mm dick. Die linke Seite ist gewöhnlich mehr gewölbt als die rechte (Fig. 5, 6).

Die jüngeren Kammern weichen etwas nach rechts von den vorhergehenden älteren ab. Die einzelnen Kammern treten gewöhnlich etwas gewölbt hervor. Zwischen ihnen, wo die Kammerscheidewände liegen, sind Einsenkungen, welche oft recht deutlich schon bei geringen Vergrösserungen von aussen zu erkennen sind (Fig. 1—4). An dem äusseren Rande des Umfanges treten Dornen auf, welche sich gewöhnlich von der Mitte des äussern Randes der einzelnen Kammern aus entwickeln. Sowohl auf der rechten wie auf der linken Seite sind flache runde Wärzchen, auf der linken Seite gewöhnlich mehr, als auf der rechten (Fig. 1—5).

Die Dornen sind bei manchen Exemplaren mit Dörnchen besetzt (Fig. 2).

Ueber den inneren Bau kann ich nach der Untersuchung vieler mit Anilinfarbe getränkter Schliffe Folgendes mittheilen. Die Kammern folgen sich in spiraler Richtung. Die centrale erste Kammer ist kugelförmig; bei den nachfolgenden nimmt die Höhe in der Regel bedeutender zu als die Länge. Flache Gänge verbinden die Kammern an deren ventralen Seite mit einander. Die Scheidewände der Kammern sind nach vorn hin etwas konvex und nach hinten konkav (Fig. 7).

Für die Verbreitung der Sarkode in der Schale und den Austritt aus derselben sind zwei Arten von Kanälen vorhanden:

1. einfache (selten verzweigte) Porenkanäle von gleichförmiger Weite (0,0002 bis 0,00022 mm). Sie sind nicht immer gerade, sondern häufig gebogen, entspringen aus flachen Grübchen in den peripherischen Theilen der Kammerwände und strahlen von Kammern innerer Windungen gegen die Kammergänge nachfolgender Windungen, welche die vorhergehenden umwickeln (XIV, 7). Die Porenkanäle der letzten Windung öffnen sich an der Oberfläche der Schale. Die Wärzchen zu beiden Seiten der Schale enthalten keine Poren (XIV, 6), daher sind sie auch glänzender, als die porösen Schalengebiete, welche das Licht viel unregelmässiger, als sie, zerstreuen;

2. enthält die Schale ein System verzweigter Kanäle von verschiedenen Weiten (in Fig. 6 u. 7 sind sie grün dargestellt). Die weitesten Kanäle haben Durchmesser von 0,02 bis 0,027 mm, sind also mehr als hundertmal so dick, als die einfachen, radiären Porenkanäle. Ein Hauptkanal verläuft spiral in den peripherischen Theilen der Windungen; von ihm gehen radiäre Kanäle durch die Kammerscheidewände nach der Oberfläche der Schale. Sie bilden Anastomosen, besonders in der stärker gewölbten Hälfte der Schale (XIV, 6); sie münden an den Seitenflächen mit weiteren Oeffnungen (Fig. 6); in den Dornen verzweigen sie sich zuletzt in sehr feine Kanäle, die enger sind, als die einfachen Porenkanäle (Fig. 6 u. 7).

Die Schalenmasse wird schichtenweis abgelagert (Fig. 6 u. 7).

Die Dornen sind Fortsätze der Zwischenkammermasse über die allgemeine Schalenfläche hinaus.

Rotalia Defrancei wurde von d'Orbigny als Calcarina Defrancei ohne eine Beschreibung abgebildet in: Ann. des sc. nat. VII, 1826, p. 276, Pl. 13, Fig. 5—7. Die Abbildungen stellen mit langen Dornen versehene, gut erhaltene Exemplare aus dem Rothen Meere dar. Offenbar gehört Calcarina calcar nach d'Obigny's Auffassung in denselben Formenkreis. Seine Bilder der Calcarina calcar (Foram. de Cuba, Taf. V, Fig. 22—24) stellen Exemplare mit kürzeren Dornen dar; im Uebrigen stimmen sie völlig mit seinen Repräsentanten von R. Defrancei überein. d'Orbigny weist auch in der Beschreibung seiner Calcarina calcar von Cuba (a. a. O. S. 81) auf die Aehnlichkeiten zwischen beiden hin. — W. B. Carpenter führt in der Introd. to the For. p. 223 diese Calcarina calcar als eine Varietät von Calcarina Spengleri an. Da aber diese Foraminifere im Innern ganz anders gebaut ist, wie Carpenter (a. a. O. p. 216, Pl. 14) und ich (Palaeontographica Bd. XXV, 1878, Taf. 37) gezeigt haben, so darf Calcarina calcar = Rotalia Defrancei nicht mehr unter den Speciesbegriff Calcarina Spengleri gestellt werden.

Rotalia Defrancei zeigt sich in ihrem inneren Bau dadurch verwandt mit Tinoporus baculatus, dass sich die Endzweige ihres Kanalsystems ebenso wie bei dieser Form in den Dornfortsätzen der Schale in zahlreiche feine Kanäle auflösen (s. die Abbildung von Tinoporus baculatus in meiner Abhandlung: Der Bau des Eozoon canadense nach eigenen Untersuchungen verglichen mit dem Bau der Foraminiferen. Palaeontographica XXV, 1878, Taf. 38).

Heterostegina curva Moebius.
Taf. XIII.

Form: Bikonvex, die rechte Seite ist im Ganzen gewöhnlich etwas mehr konvex als die linke. Der breite dünnere Saum grösserer Exemplare, den die letzten Windungen bilden, ist oft verbogen und daher konkav-konvex und zwar so, dass konkave und konvexe Strecken auf derselben Seite liegen (XIII, 2). Der Rand ist etwas angeschwollen.

Grösse: Der grösste Durchmesser der von mir gefundenen Exemplare beträgt 6 mm; die Dicke selten mehr als 1 mm.

Farbe der Schale: gelblich oder bläulich weiss.

Betrachtet man die linke oder rechte Seite bei auffallendem Lichte unter schwacher Vergrösserung, so erscheinen die Scheidewände der Kammern als ein dunkleres Netz unregelmässiger Maschen, welche unregelmässig polyedrische Felder einer helleren Substanz umschliessen (Fig. 2). Diese hellen Felder sind die Aussenwände der Kammern, und erscheinen daher heller als die Kammerscheidewände, weil sie dichtstehende feine Poren haben, welche das Licht nach allen Seiten zerstreut zurückwerfen.

Der innere Bau. Die Keimkammer ist gewöhnlich linsenförmig (Fig. 4 u. 5a), aber schon die zweite Kammer konkav-konvex (Fig. 4a). Die folgenden Kammern werden an der ventralen Seite noch tiefer konkav, als die zweite, und an der dorsalen Seite bekommen sie eine rückwärts gebogene Spitze (Fig. 3 u. 4c). Darauf bilden sich Kammern mit längeren radiären Axen und mit erweiterten dorsalen Enden (Fig. 4d); endlich radiär noch mehr verlängerte Kammern, von welchen sich kleinere Nebenkammern an den dorsalen Enden abgliedern durch rechtwinkelig gegen die radiären Kammerachsen eingeschobene Scheidewände (Fig. 4nn).

In dem dickeren Centraltheil der Schale bilden sich mehrere Schichten von Kammern übereinander (Fig. 5d); die dünneren Randtheile der Schale enthalten nur eine Schicht von Kammern.

Die Kammern der innern Windungen sind durch Gänge verbunden, welche an deren ventralen Seiten liegen (Fig. 3 u. 4g). In den folgenden Windungen, welche abgegliederte kleinere Endkammern enthalten, treten bauch-rückenwärts verlaufende Gänge auf (Fig. 4 u. 5g'). Von manchen Kammern laufen zwei derartige Gänge nach weiter auswärts liegenden Nachbarkammern (Fig. 4). Wahrscheinlich sind die kleinen abgegliederten Kammern Knospen derjenigen Hauptkammern, mit denen sie durch Gänge in Verbindung stehen.

Die Porenkanäle haben einen Durchmesser von 0,0007 bis 0,001 mm und liegen gewöhnlich so dicht, dass die Zwischenräume kaum so viel messen wie die Dicke der Kanäle. Meistens erstrecken sie sich in gerader Richtung nach der Aussenfläche der Schale (Fig. 3 u. 5). Weil die Kammern ihre grössten Wandflächen an der linken und rechten Seite haben, so sind auch die meisten Porenkanäle in diesen Seiten. In Querschliffen (Fig. 5) werden daher viel mehr Porenkanäle in ihrer ganzen Länge sichtbar, als in Längsschliffen (Fig. 5. u. 3), in welchen die meisten schräg oder rechtwinkelig durchschnitten sind.

Zwischen den Kammerwänden liegt nur wenig Zwischenkammermasse in ventro-dorsaler Richtung; grössere Massen derselben lagern sich auf der dorsalen Seite der Windungen ab (Fig. 3 u. 4).

Das Kanalsystem der Zwischenkammermasse besteht aus spiral und bauch-rückenwärts (radiär) verlaufenden Hauptkanälen, aus welchen Zweige entspringen. Diese bilden Netze miteinander, welche sich um so reicher entwickeln, je weiter sie sich von der Keimkammer entfernen. Der äussere Saum der Schale, in welchen keine Kammern hineinragen, enthält ein reichmaschiges Netz engerer und weiterer Kanäle, von denen viele nach aussen münden (Fig. 3, 4 u. 5).

Der Durchmesser der weitesten Kanäle beträgt 0,01 mm.

Alle Kammern und Kanäle haben eine chitinöse Auskleidung, welche durch Behandlung mit verdünnten Säuren blossgelegt werden kann. Fig. 6 stellt Porenkanäle, welche auf diese Weise gewonnen wurden, in 600maliger Vergrösserung dar. Man bemerkt daran unregelmässige zarte Querringel, welche offenbar den in Fig. 5 dargestellten Wachsthumsschichten entsprechen.

Die Gattung Heterostegina stellte A. D. d'Orbigny 1826 auf (Ann. des sc. nat. VII, p. 305). In seiner sehr kurzen ersten Beschreibung, wie auch in späteren ausführlicheren (Hist. de l'Ile de Cuba par Ramon de la Sagra. Foraminiferes par A. d'Orbigny 1839, p. 121 und Foraminif. du Bassin tert. de Vienne, 1846, p. 210) stellt er jedoch den inneren Bau derselben nicht richtig dar, worauf schon W. B. Carpenter hingewiesen hat. — W. B. Carpenter verdanken wir die erste genauere richtige Beschreibung der Struktur von Heterostegina (Introduct. Foramin. p. 288). Ich glaube durch die hier gegebene Beschreibung und besonders durch meine Abbildungen die Kenntniss dieser Foraminiferengattung noch etwas weiter gefördert zu haben.

Heterostegina curva von Mauritius stimmt mit keiner von d'Orbigny und W. B. Carpenter beschriebenen und abgebildeten Art überein.

Heterostegina tubercalata Moeb.
Taf. XII, Fig. 3—7.

Sie ist scheibenförmig mit mehr oder weniger kreisrunder Peripherie. Das Keimcentrum liegt gewöhnlich nicht in dem Mittelpunkte der Scheibe, sondern ist ziemlich weit von diesem entfernt (XII, 3, 4). Hier ist die Schale stark bikonvex, im übrigen ziemlich gleichmässig dünn und häufig verbogen.

Die jüngeren Windungen, welche den äusseren Theil der Scheibe bilden, sind an der Aussenfläche deutlicher von einander abgegrenzt, als die älteren Windungen, welche um den Keimbuckel herumliegen.

Der ganze centrale Schalentheil ist auf beiden Seiten mit Tuberkeln besetzt (XII, 4). Diese sind glänzender als die übrigen Theile der Schale, weil sie keine Porenkanäle enthalten.

Längsschliffe und Querschliffe lehren, dass die Keimkammer einen kreisförmigen Umriss hat und bikonvex ist (XII, 5, 6). Sie umgiebt sich zunächst mit konkav-konvexen Kammern, welche nach hinten und dorsalwärts spitzer sind als nach vorn (XII, 6). Auf wenige solche einfache Kammern folgen einige Windungen mit unregelmässig gegliederten Kammerreihen, worauf die Schale durch regelmässig gegliederte Kammerreihen weiter fortwächst. Durch dieses früh eintretende regelmässige Wachsthum, durch die bedeutende Konvexität des Keimbuckels und durch die Tuberkeln auf beiden Seiten der Schale unterscheidet sich Heterostegina tuberculata von H. curva. Uebergänge zwischen beiden habe ich nicht gefunden.

Die Kammergänge, die Porenkanäle und die verzweigten Kanäle (XII, 5) verhalten sich ähnlich wie bei H. curva.

W. B. Carpenter beschreibt eine Heterostegina von den Philippinen, welche viel Aehnlichkeit mit H. tuberculata hat (Introd. to the Foram. p. 288). Seine Abbildungen stellen keine Tuberkeln dar, aber Carpenter spricht in der Beschreibung von glänzenden porenfreien Fleckchen auf dem Keimbuckel.

Es ist daher sehr wahrscheinlich, dass die Heterostegina von den Philippinen und die Heterostegina tuberculata von Mauritius zu einer Species gehören. Hätte Carpenter dieser Heterosteginenform einen Artnamen beigelegt, so würde ich nicht genöthigt gewesen sein, die Species H. tuberculata aufzustellen.

TAFEL I.

Erklärung der Abbildungen.

Haliphysema Tumanowiczii Bowbk.

Fig. 1a. Ein einfaches Exemplar. viermal vergrössert.
- 1b. Ein etwas grösseres einfaches Exemplar.
- 1c. Ein einfaches Exemplar mit grosser Fussplatte.
- 1d. Ein Stock mit 4 einfachen Stämmchen.
- 1e. Ein Stock mit 7 einfachen Stämmchen.
- 2. Ein Stock mit verästelten Stämmchen, 20mal vergrössert.
- 3. Ein Stock mit einem einfachen und zwei verästelten Stämmchen.
- 4. Ein einfaches Stöckchen, 150mal vergrössert. Die Pseudopodien wurden am 2. November 1874 nach dem Leben bei 260maliger Vergrösserung gezeichnet.
- 5. Mittelstück eines mit Essigsäure behandelten Stämmchens, 150mal vergrössert. Die häutige Scheide tritt freier hervor, weil alle kalkigen Belegkörper der Hülle entfernt sind. Sie ist nun blos noch mit Kieselkörpern bedeckt und umschliesst Sarkodemasse mit Kernen.

K. Moebius Foraminifera von Mauritius. Taf. I.

K. Möbius del. W. A. Meyn lith.

Tafel II. Erklärung der Abbildungen.

Fig. 1. Ein Stock von Haliphysema Tumanowiczii mit zwei einfachen Stämmchen, welche 50 mal vergrössert sind. Die Pseudopodien wurden auf der Fouquets-Insel am 15. Oktober 1874 nach dem Leben bei 300 maliger Vergrösserung beobachtet und gezeichnet.
- 2. Rhaphidohelix eligans Moeb., 210 mal vergrössert. Auf der Oberfläche der beiden unteren Kammern sind mehrere der vermuthlichen Poren gezeichnet.
- 3. Cornuspira foliacea Phil. Eine Schale von der rechten Seite gesehen, 200 mal vergr.
- 4–7. Miliolina ornata d'Orb.
- 4. Rechte Seite einer Schale, 30 mal vergr.
- 5. Längschliff, 60 mal vergr. Kammerhöhlungen roth.
    M Mündung.
    Mp Mündungsplatte.
- 6. Querschliff.
- 7. Mündung, von vorn gesehen.

K. Moebius Foraminifera von Mauritius. Taf. II.

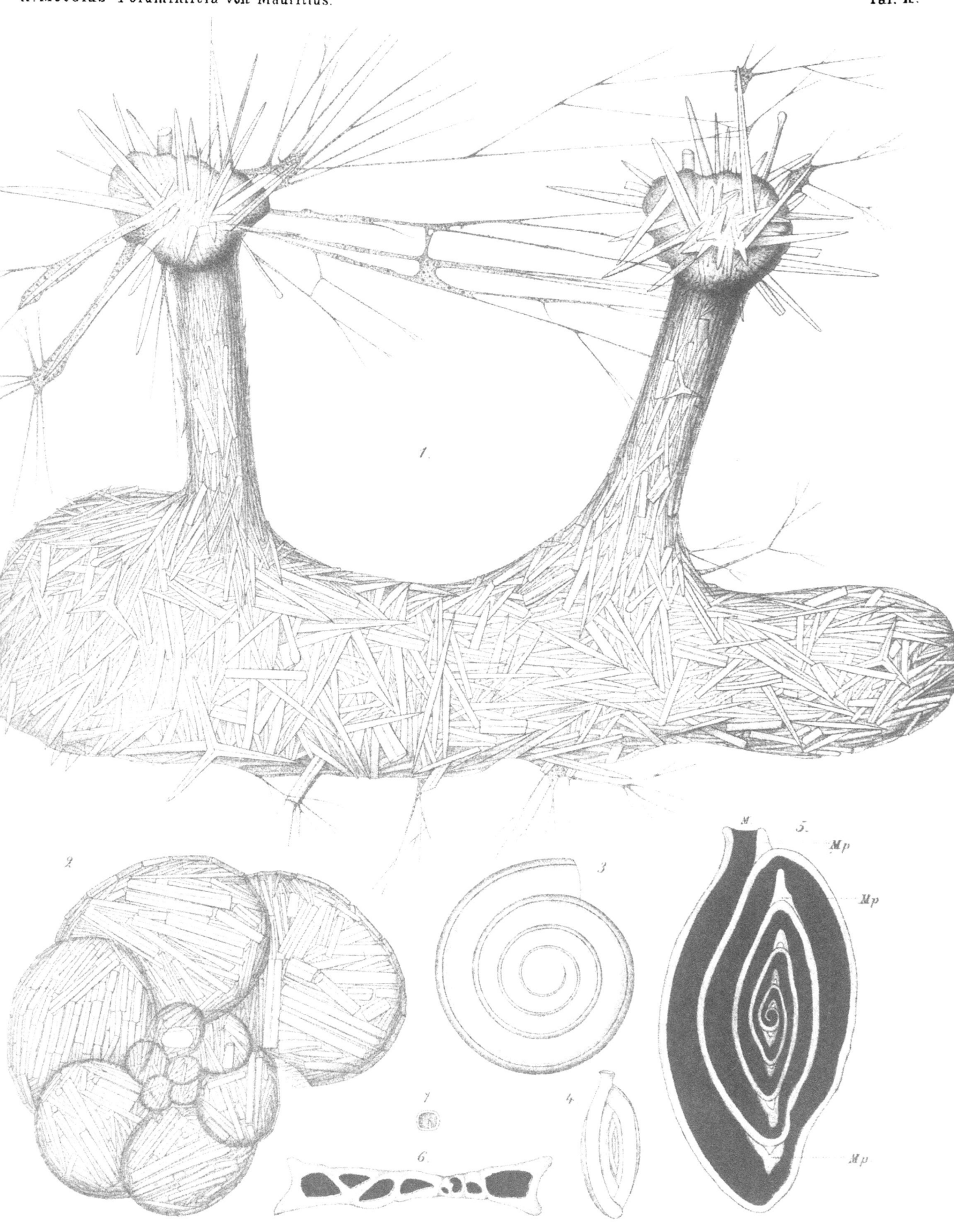

K. Mobius del. W.A. Meyn lith.

Tafel III. Erklärung der Abbildungen.

Fig. 1. **Alveolina Boscii.** Querschliff eines ausgewachsenen Exemplars, 125 mal vergr. — Im Centrum die Keimkammer.
    Lg Gänge zwischen Kammern aufeinanderfolgender Querreihen.
    Qg Gänge in den Längsscheidewänden der Kammern.
    Qs Querscheidewände.
- 2—3. **Alveolina Melo** F. et M.
- 2. Querschliff eines grösseren Exemplars, 150 mal vergr.
- 3. Mündungsseite einer Schale, 40 mal vergrössert. Zur rechten sieht man die Kammermündungen der letzten Querreihe. — Links neben diesem Bilde ist die natürliche Grösse einer Schale im Umriss gezeichnet.
- 4 und 5. **Orbitolites complanata.**
- 4. Ein grösseres Exemplar in natürlicher Grösse.
- 5. Innerer Theil eines Längschliffes, 150 mal vergr. — Man sieht im Centrum die Keimkammer, den langen Spiralgang nach der zweiten Kammer und dann viele Kammern nachfolgender Windungen. Es sind sowohl Längsgänge (in der Spiralrichtung) wie auch Quergänge (in radiärer Richtung) aufgedeckt und gezeichnet. Die Schichtung der Kalkmasse ist angedeutet.

K. Moebius Foraminifera von Mauritius Taf. III.

K. Moebius del. W. A. Meyn lith.

Tafel IV. Erklärung der Abbildungen.

Fig. 1—3. **Miliolina oblonga Mont.**
- 1. Ein sehr lang gestrecktes junges Exemplar, 180mal vergr.
- 2. Ein mittellanges Exemplar.
- 3. Ein kurzes Exemplar.
- 4—8. **Miliolina agglutinans d'Orb.**
- 4. Natürliche Grösee der Schale.
- 5. Seitenansicht, 10mal vergr.
- 6. Vorderansicht mit der Mündung, 15mal vergr.
- 7. Ein Längschliff der Schale, 80mal vergr. Kammerhöhlungen roth. Im Centrum die Keimkammer.
    M Mündung.
    Mp Mündungsplatte.
- 8. Ein Querschliff. Um die Keimkammer sind nacheinander 6 Paar Kammern gelagert, und zwischen dem 5. und 6. Paar eine unpaare Kammer (links). Die innern Sandkornschichten machen die früheren Umrisse der Schale kenntlich.
- 9—12. **Peneroplis pertusus Forsk.**
- 9. Ein mittelgrosses Exemplar, 20mal vergr.
- 10. Linke Seite eines jungen Exemplars, 220mal vergr. Die Seitenwände der Kammern sind konvex, auf ihnen sieht man Längsreihen verdickender Plättchen; zwischen ihnen liegen die vertieften äussern Grenzen der Kammerwände. Die durchscheinenden innern Grenzen der Kammern, die Kammergänge der ersten Windungen und die Papillen neben den Oeffnungen der Kammergänge sind in das Bild eingetragen.
- 11. Oberfläche der letzten Kammer eines jungen Exemplars, 475mal vergr.
- 12. Die Keimkammer und die Kammern der ersten Windung nebst den Kammergängen eines jungen Exemplars, 390mal vergr. An der Mündung sieht man drei Papillen.
- 13—15. **Alveolina Boscii Defr.**
- 13. Natürliche Grösse.
- 14. Ein mittelgrosses Exemplar mit etwas stumpfen Seiten, 20mal vergr. — Rechts sieht man die letzte Querreihe der Kammern mit ihren Mündungen.
- 15. Längschliff eines ausgewachsenen Exemplars mit 6 Windungen, mit dem Zeichenprisma bei 225maliger Vergrösserung aufgenommen.

K. Moebius Foraminifera von Mauritius. Taf. IV.

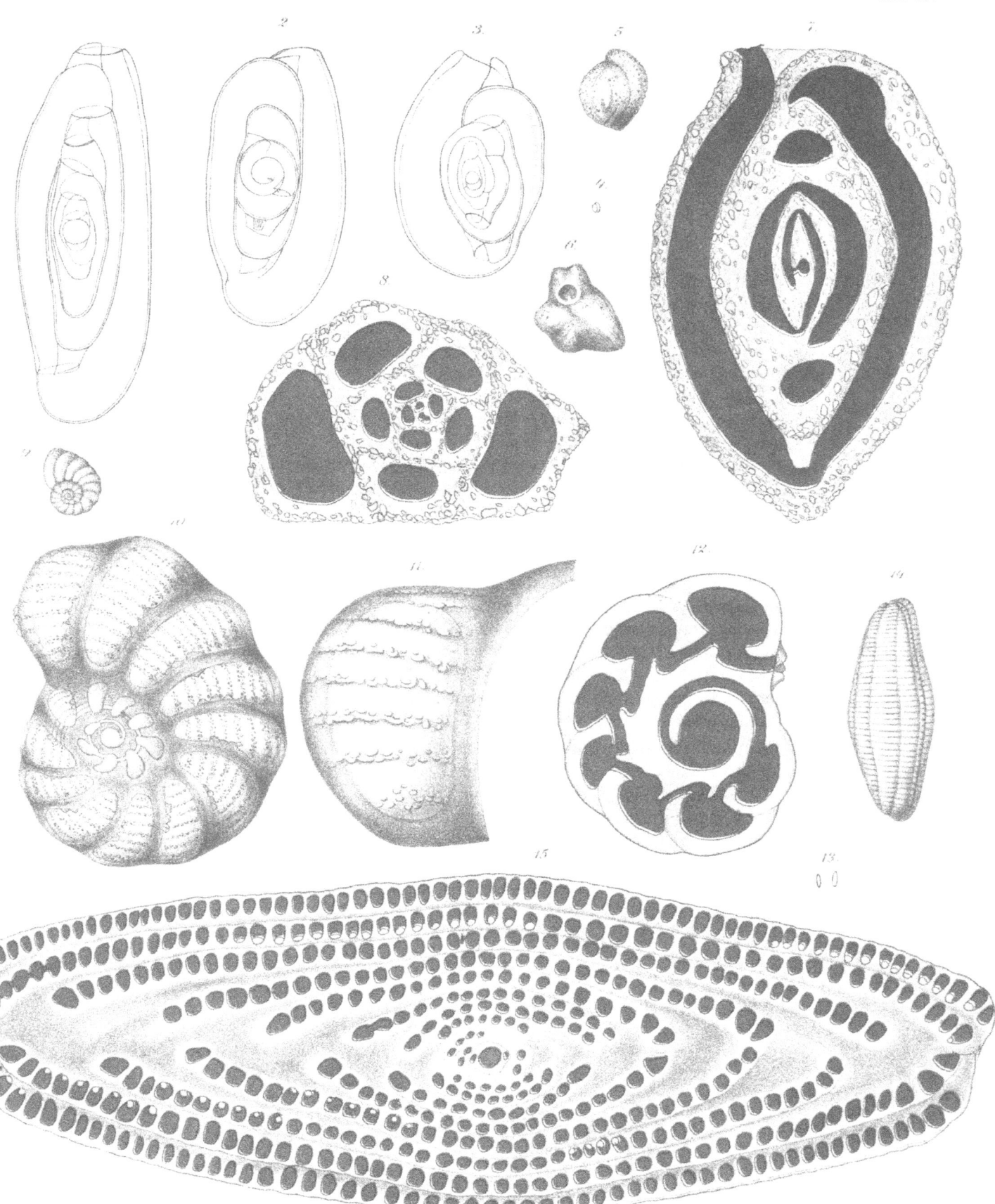

Fig. 1—4. Orbitolites complanata Lam.
- 1. Vier Kammern eines dünnen Längschliffes der Varietät plicata von den Viti-Inseln, 330 mal vergrössert, um die Schichtung in den Kammerwänden zu zeigen. — Unter den Foraminiferen, die ich durch Herrn Schmeltz von dem Museum Godeffroy in Hamburg zur Bestimmung erhielt, befanden sich viele Exemplare dieser riesigen Orbitolites-Varietät, welche einen Scheibendurchmesser von 22—24 mm hatten. Carpenter bildet zwei etwas kleinere Exemplare derselben in doppelter Vergrösserung ab. (Philos. Transact. Vol. 146, Tab. 5, Fig. 2 und 3.)
- 2. Theil eines Querschliffes von Orbitolites complanata, 100 mal vergr.
  Kk Die Keimkammer.
  K2 Die zweite Kammer.
  Km Konkav-konvexe Kammern.
  Lg Längsgänge, welche zu benachbarten Kammern derselben Windung führen.
  Qg Quergänge zwischen den Kammern benachbarter Windungen.
- 3. Einige regelmässig aufeinanderfolgende Kammern eines Längschliffes, 400 mal vergr., mit deutlich geschichteten Kammerwänden.
- 4. Die auskleidende Chitinmembran dreier entkalkter Kammern, 300 mal vergrössert. Innerhalb derselben sieht man Sarkode, eine Spongiennadel und Diatomeen.
- 5. Ein junges Exemplar von Orbitolites complanata aus dem Darm eines Seeigels (Maretia complanata Gray), 220 mal vergrössert.
- 6—10. Carpenteria Rhaphidodendron Moeb.
- 6. Ein kleines Nadelbäumchen, 25 mal vergrössert, nach dem Leben gezeichnet auf dem Fouquets-Eiland am 18. Okt. 1874.
- 7. Senkrecht abgeschliffene Schnittfläche einer Gruppe in natürlicher Grösse.
- 8. Wagerechte Schnittfläche derselben Gruppe.
- 9. Eine grössere Gruppe in natürlicher Grösse.
- 10. Drei Gruppen von Nadeln aus Zweigspitzen, in welchen der Kitt zwischen den Nadeln zu sehen ist.

K. Moebius Foraminifera von Mauritius. Taf. V.

K. Möbius del. W. A. Meyn lith.

Carpenteria Raphidodendron Moeb.

Fig. 1. Ende eines Zweiges des Taf. V, Fig. 6, abgebildeten Exemplars, 260 mal vergrössert, nach dem Leben gezeichnet. Die Sarkode kriecht über die äussersten Nadelspitzen in das freie Wasser hinaus. Hier ist sie farblos, tiefer unten, innerhalb des Zweiges, in dickeren Massen, erscheint sie gelblich.

- 2. Querschliff eines Stückes Kalkrinde, 150 mal vergrössert. Es besteht aus einem Abschnitt eines grösseren Astes und aus einem geschlossenen Durchschnitt eines kleinern Astes. Man sieht in beiden die Anwachsschichten der Kalkrinde und bemerkt in der Höhlung des kleineren Astes Schwammnadeln.
- 3. Ein Stück der chitinösen Haut, womit die Kalkrinde und die Porenkanäle ausgekleidet sind, 150 mal vergrössert. Der Chitinschlauch der Porenkanäle hat ringförmige Verdickungen. In dieser Zeichnung sind nur wenige der vielen Porenkanalschläuche, welche rundherum an der Hautauskleidung des Zweiges entspringen, ganz dargestellt.
- 4. Ein Stück Kalkrinde mit Porenkanälen, an dessen innerer Seite Nadeln sitzen, 150 mal vergrössert.
- 5. Ende eines Zweiges, 90 mal vergrössert. Hier sieht man, dass die jüngsten Theile der Kalkrinde keine Poren enthalten, dass unter den porenlosen Theilen erst von einander entferntere Poren entstehen und dass zwischen diesen dann neue Poren erscheinen.
- 6. Theil einer Schlifffläche einer Gruppe, bei auffallendem Lichte 40 mal vergr. gezeichnet.

K. Moebius Foraminifera von Mauritius. Taf. VI.

K. Möbius del. W. A. Meyn lith.

Tafel VII. Erklärung der Abbildungen.

Polytrema miniaceum Pall.

Fig. 1—6. Sechs verschiedene Formen von Polytrema miniaceum von dem Korallenriff im SO. der Insel Mauritius, fünfmal vergrössert. — Im Golf von Neapel fischte ich im März 1875 Exemplare, welche den Fig. 2—5 abgebildeten sehr ähnlich sind.
- 7. Durchschnitt eines Stämmchens in der Richtung der oralen Achse. 150 mal vergrössert. In der Mitte, über a, liegt die Centralkammer. Sie theilt sich oben in Zweige. Mit den um sie herumgelagerten Kammern steht sie durch Kammergänge (g) in Verbindung. Mehrere Kammergänge sind durch Kalkschichten mit Porenkanälen siebartig bedeckt (s).
- 8. Ein Ast, 50 mal vergrössert. Die inneren Kammerlagen sind durchscheinend dargestellt. g Kammergang.
- 9. Ende eines Astes mit drei Zweigansätzen, auf dem Fouquetsriff nach dem Leben gezeichnet am 30. Oktober 1874, 50 mal vergrössert. Die Nadeln in den Zweigmündungen sind von Sarkode umgeben. Gruppen von Porenkanälen sind unterhalb der Mündungen entstanden.
- 10. Querschliffstück eines warzenförmigen Exemplars mit zahlreichen unregelmässig concentrischen Kammerlagen. Die Porenkanäle sind grösstentheils wieder mit Kalk ausgefüllt.
- 11. Ein Stück der Oberfläche eines warzenförmigen Exemplars von Mauritius, 80 mal vergrössert. Die dunkelrothen Kurven sind die Grenzen zwischen den Kammergängen und den äusseren Kammerwänden. Viele Kammergänge enthalten Siebdecken. Diese sind in mehreren (l) noch nicht vollständig ausgebildet. Die feinen Punkte stellen die Oeffnungen der Porenkanäle dar.
- 12. Eine Gruppe verkitteter Nadeln wie bei Carpenteria, 225 mal vergrössert.
- 13. Kammergang mit Siebdecke eines Exemplars von Neapel, auch 225 mal vergrössert.
- 14. Theil eines Längschliffes eines Exemplars von Mauritius, 225 mal vergrössert. Man sieht die Schichtung des Kalkes in den Kammerwänden, die Form, Lage und gegenseitige Entfernung der Porenkanäle und die Form und die Siebdecke der Kammergänge (vergl. oben S. 86).
- 15. Ende eines Zweiges, in dessen Mündung Nadeln stecken. Die Porenkanäle entstehen unterhalb des Mündungsrandes.
- 16. Chitinöse Auskleidung von Kammern mit anhängenden Auskleidungen von Porenkanälen, 225 mal vergrössert. Fouquetsriff.
- 17. Chitinöse Auskleidung von Kammern, welche mit Protoplasma gefüllt sind, 150 mal vergrössert.

K. Moebius Foraminifera von Mauritius. Taf. VII.

Möbius del. W. A. Meyn lith.

Fig. 1. Spirillina vivipara Ehbg. Seitenansicht einer 300 mal vergrösserten Schale. Die Poren in der rechten Seitenwand sind bei tieferer Stellung der Linse zu sehen, die Ränder der peripherischen Wände der Windungen bei höherer Tubusstellung.
- 2. Spirillina vivipara. Ideelle Zeichnung eines Querdurchschnittes durch die Mitte der Schale. In der konvexen Seite sieht man die Poren.
- 3. Lagena striata d'Orb., 300mal vergrössert. — Die Porenkanäle sind bei 500maliger Vergrösserung gezeichnet.
- 4. Entosolenia lucida Will. Ein Exemplar mit gabelförmig ausgeschnittener innerer Oeffnung der Mündungsröhre, 270mal vergrössert.
- 5. Entosolenia alata Moeb., 250mal vergrössert.
- 6. Entosolenia perforata Moeb., 220mal vergrössert.
- 7. Entosolenia marginata Walk., ein junges Exemplar mit normaler Röhre, aber noch wenig ausgebildetem Randsaume, 400mal vergrössert.
- 8. Entosolenia marginata, ein älteres Exemplar mit ausgebildetem Randsaume und abnorm gebogener Röhre. — Die Poren liegen oft in Gruppen beisammen.
- 9. Entosolenia quadrata Will., 200mal vergrössert.
- 10. Entosolenia rudis Reuss., 20mal vergrössert.
- 11. Entosolenia aspera Reuss, 200mal vergrössert.
- 12. Entosolenia aspera. Vier Dörnchen der Schalenoberfläche. 500mal vergrössert.
- 13—15. Pavonina flabelliformis d'Orb.
- 13. Eine flache Seite der Schale, 100mal vergrössert.
    r Porenröhrchen auf der konvexen Fläche der Kammern.
    w Wellige Biegungen flacher Kammerwände.
- 14. Einige Poren und Porenröhrchen, 220mal vergrössert.
- 15. Ansicht der letzten konvexen Kammerwand bei vertikaler Stellung der Schale, 100mal vergrössert.
- 16. Ein grösseres Exemplar von Textilaria folium Park. Jon., 200mal vergrössert.
- 17. Ein grösseres und ein kleineres Exemplar von Textilaria folium, an ihren Mündungsrändern zusammengewachsen. Vergrösserung 200fach.

K. Moebius Foraminifera von Mauritius. Taf. VIII.

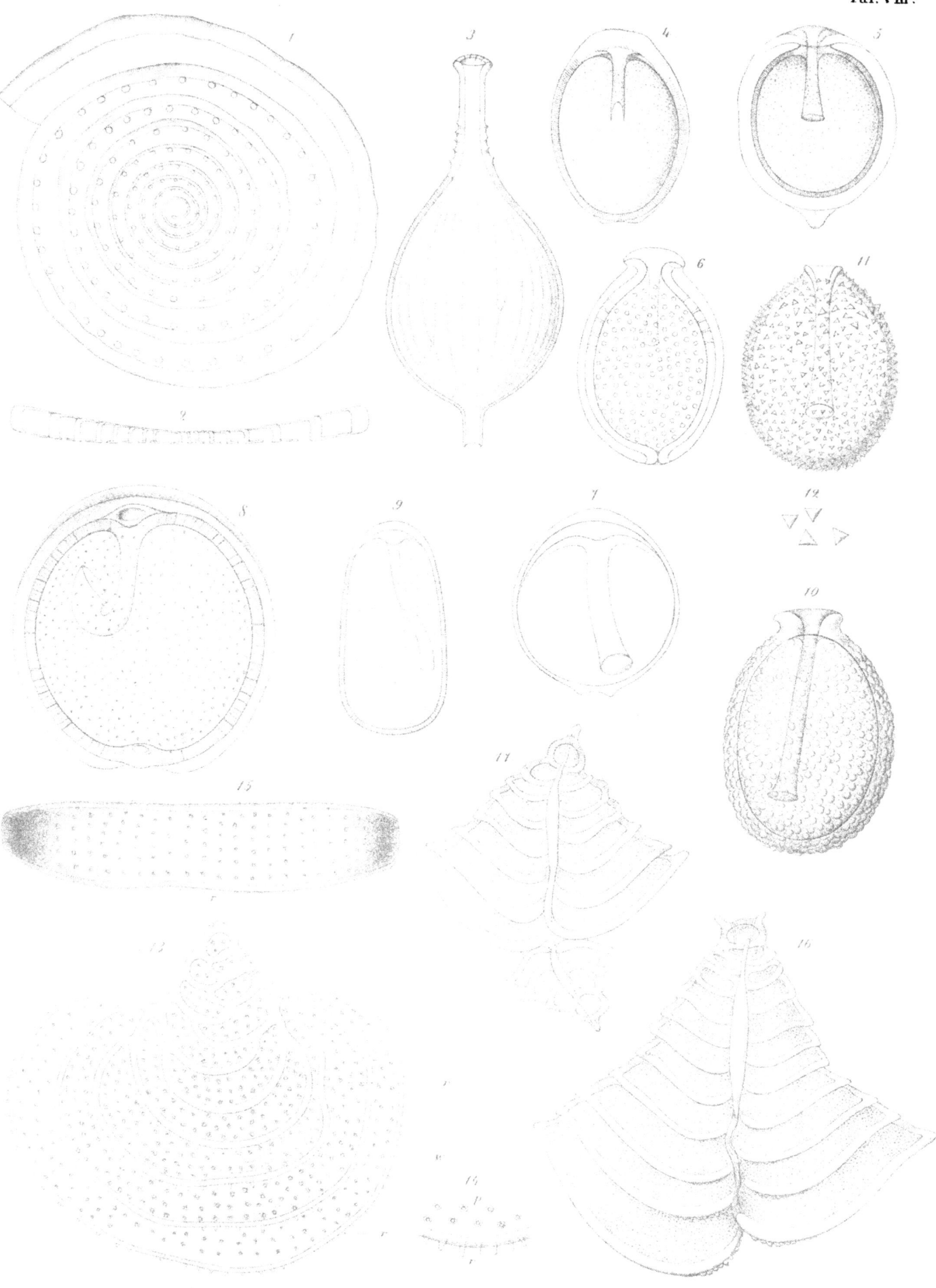

K. Möbius del. W. A. Meyn lith.

Tafel IX. Erklärung der Abbildungen.

Fig. 1—8. **Textilaria agglutinans** d'Orb.
- 1. Eine schlanke Form mit regelmässig vergrösserten Kammern und schräg stehenden Kammernäthen, 10mal vergrössert, von der rechten Seite.
- 2. Eine plumpere Form mit unregelmässig gestalteten und aneinander gefügten Kammern, 10mal vergrössert.
- 3. Ein schlankes Exemplar von der ventralen Seite, 10mal vergrössert, mit sichtbarer Mündung.
- 4. Etwas schräg geführter Querschliff durch 4 Kammern.
- 5. Querschliff durch zwei Kammern.
- 6. Ein Seiten-Längsschliff, 80mal vergrössert. In der Mitte sind nur die Enden mehrerer Kammern blosgelegt. In vielen Kammern liessen sich die Porenkanäle bis an die Oberfläche verfolgen und darstellen.
- 7. Dorso-ventraler Hauptlängsschliff eines gedrungenen Exemplars mit regelmässig grösser werdenden Kammern, 30mal vergrössert. Die Kammergänge zwischen den meisten Kammern liegen offen da und auch die Mündung der letzten Kammer. Die Porenkanäle sind hier, wie auch in den folgenden Figuren, roth gemalt.
- 8. Einige Porenkanäle dieses Schliffes, 250mal vergrössert.
- 9. **Bolivina punctata** d'Orb., ein schlankes Exemplar, 200mal vergr.
- 10. **Bolivina punctata**, ein spindelförmiges Exemplar, 200mal vergr.
- 11. **Bolivina thebaica** Ehbg., 300mal vergr.
- 12. **Bolivina plicata** d'Orb., 200mal vergr.
- 13. **Bolivina plicata** d'Orb., ein anderes Exemplar, 270mal vergr.
- 14. **Bolivina ambulacrata** Moeb., Seitenansicht, 200mal vergr.
- 15. **Bolivina ambulacrata**, Ansicht der Mündungsseite (Basis).
- 16. **Discorbina concamerata** Mont. Ansicht der aboralen Seite, 200mal vergr.
- 17. **Discorbina concamerata**. Ansicht der oralen Seite, 200mal vergr.
- 18. **Discorbina globularis** d'Orb. Ansicht der aboralen Seite.
- 19. **Discorbina inaequalis** d'Orb. Ansicht der aboralen Seite, 200mal vergr.

K. Moebius Foraminifera von Mauritius. Taf. IX

K. Moebius del. W. A. Meyn lith.

Fig. 1—5. **Cymbalopora Poeyi** d'Orb.
- 1. Ein grösseres Exemplar von der aboralen Seite, 100 mal vergrössert.
- 2. Ein ziemlich junges Exemplar von der aboralen Seite, 475 mal vergrössert.
- 3. Die orale Seite einer jungen Schale, 300 mal vergr. Man sieht auf die oralen Wände dreier Kammern. Die aboralwärts liegenden Kammern sind durchscheinend gezeichnet.
- 4. Zwei peripherische Kammern einer ältern Schale, 300 mal vergr. Man sieht rechts 3 Seitenmündungen (b), links zwei, oben die Nabelmündungen (a) und unten die Porenkanäle im Rande.
- 5. Schematisches Durchschnitts-Profilbild einer Cymbalopora Poeyi.
- 6—9. **Tretomphalus bulloides** d'Orb.
- 6. Ansicht einer Schale, deren Keimkammer dem Beschauer zugekehrt ist, 300 mal vergr.
- 7. Ansicht der entgegengesetzten Seite der Schale. Ein grosser Theil des Buckelfeldes der letzten Kammer ist dem Beschauer zugekehrt. Vergr. 300 fach.
- 8. Ansicht des Gewindes der Schale und der beiden grossen letzten Kammern. Auf dieser sieht man Buckelporen und eine in das Innere hineinragende Mündungsröhre. Vergrösserung 300 fach.
- 9. Die Schale kehrt dem Beschauer dieselbe Seite zu wie in Fig. 8, aber nachdem die Oberfläche derselben gezeichnet war, wurde der Focus des Mikroskops auf die Kammer-Mündungen (mm) im Innern der Schale eingestellt. Vergr. 200 fach.
- 10—14. **Amphistegina Lessonii** d'Orb.
- 10. Umriss einer Schale, um die verschiedenen Formen der beiden Seiten deutlich zu machen.
- 11. Eine mit Fuchsin getränkte Schale von der rechten Seite bei auffallendem Lichte 60 mal vergr. gezeichnet.
- 12. Längsschliff einer Schale, 80 mal vergr.
- 13. Porenkanäle eines Schalenschliffes, 350 mal vergr.
- 14. Theil der innern Fläche einer Schale, um die polyedrische Begrenzung der Porenkanal-Grübchen zu zeigen, 350 mal vergr.

K. Moebius Foraminifera von Mauritius. Taf. X.

Tafel XI. Erklärung der Abbildungen.

Fig. 1—3. **Amphistegina Lessonii** d'Orb.
- 1. Ein entkalkter verzweigter Kammerlappen, 350 mal vergr., mit häutigen Auskleidungen von Porenkanälen (Sch).
    Die warzenförmigen Erhöhungen (E) sind die häutigen Auskleidungen der Grübchen auf der innern Fläche der Kammern.
- 2. **Querschliff** einer Schale, 100 mal vergr.
    K Kammer.
    L Kammerlappen, durchgeschnitten.
    z Kanalfreie Theile der Schale zwischen den Kammerlappen.
- 3. Theile einer entkalkten Schale, 150 mal vergr. Man sieht unten die Keimkammer mit den Kammern der ersten Windung. An der dritten Kammer treten die ersten Lappen auf. Der obere Theil dieses Bildes stellt spätere Kammern mit sehr entwickelten Lappen dar.
    a Kammern mit einfachen Lappen.
    b Kammern mit verzweigten Lappen.
    c Kammern mit netzförmigen Lappen.
- 4—7. **Polystomella crispa**, Var. crassa.
- 4. Ein grösseres Exemplar, 50 mal vergr., von der linken Seitenfläche gesehen.
- 5. **Polystomella crispa**. Ein Querschliff, 250 mal vergrössert. In der Mitte die Centralkammer, links Durchschnitte von drei Kammern dreier Windungen.
    Ck Centralkanal.
    G Kammergang.
    K Kammer.
    L Lappen an den Seiten der Kammern im Durchschnitt.
- 6. Umriss der flachgedrückten chitinösen Hülle der Weichmasse einer Kammer. An den Seiten die Lappen, oben die Spitze derselben; auf der Fläche abgerissene Kammergänge. Mehrere von diesen haben ringförmige Verdickungen.
- 7. **Polystomella crispa**. Entkalkte Kammerauskleidungen, 250 mal vergrössert, von der Seite gesehen. Zwischen dem konvexen Rücken der Kammer b und der Kammer c sieht man Kammergänge mit ringförmigen Verdickungen (G). Unter Kammer a eine kleinere Kammer einer älteren Windung. Ueber den Kammern a und b ist etwas von dem chitinösen Gerüst gezeichnet, welches die Kalkmasse durchsetzte.
    C die Chitinhülle der Centralkammer.

K. Moebius Foraminifera von Mauritius. Taf. XI.

K. Moebius del. W. A. Meyn lith.

Tafel XII. Erklärung der Abbildungen.

Fig. 1. Polystomella crispa. Medianer Längsschliff, 200 mal vergrössert.
  C Kanal in der Centralmasse.
  G Kammergang.
  Gr Grübchen zwischen den Kammerscheidewänden.
  K Kammer.
  L Lappen der Kammern (im Durchschnitt).
- 2. Ein Theil einer Helicoza craticulata F. u. M., 150 mal vergr. Man sieht die (grün gemalten) Spiralkanäle (Sp); in dem Porenfelde (F) endigende einfache Kanäle; Aeste des äussern Spiralkanales, welche nach der Oberfläche gehen (A); Kammern (K); Porenkanäle (Pk), welche von den Kammern nach der Oberfläche gehen, und Kammergänge zwischen den Kammern einer und derselben Windung (G).
  Helicoza craticulata habe ich bei Mauritius nicht gefunden. Meine Untersuchungen dieser Art habe ich an Exemplaren des Kieler Museums angestellt, deren Herkunft nicht angegeben ist.
- 3. Drei Exemplare der Heterostegina tuberculata in natürlicher Grösse.
- 4. Ein mittelgrosses Exemplar 10 mal vergrössert. Man sieht zahlreiche Tuberkeln auf dem Keimbuckel und in der Umgebung desselben.
- 5. Ein Theil eines Längsschliffes, 180 mal vergrössert, um die Kammergänge und das verzweigte Kanalsystem zwischen den Kammern zu zeigen.
- 6. Der centrale Theil des Längsschliffes eines grösseren Exemplars, 60 mal vergrössert. Zunächst um die Keimkammer herum liegen einfache Kammern, dann unregelmässig gegliederte, darauf lauter regelmässig gegliederte Kammerreihen.
- 7. Querschliff, 60 mal vergrössert. Auf beiden Seiten erheben sich Tuberkeln. In der Mitte sieht man eine Schicht Kammern, roth gemalt. Von den Kammern gehen Porenkanäle nach den beiden Seiten. In der porenlosen Schalenmasse sind einige verzweigte Kanäle (grün gemalt) sichtbar. In dem Keimbuckel sind die Anwachsschichten deutlich.

K. Moebius Foraminifera von Mauritius. Taf. XII.

K. Moebius del W. A. Meyn lith

Heterostegina curva Moeb.

Fig. 1. a, b, c Scheibenansicht dreier verschiedenen Exemplare in natürlicher Grösse.
   d Profilansicht eines grossen Exemplars.
- 2. Die linke Seite einer Schale, 25 mal vergrössert, bei auffallendem Licht. Das dunkle Maschennetz wird gebildet durch die ausgehenden Kanten der Scheidewände zwischen den Kammern.
- 3. Längsschliff der beiden ersten Windungen einer Schale, 150 mal vergrössert.
   a die Keimkammer.
   c, c Kammern mit konvexer Vorderseite und konkaver Hinterseite.
   gg Kammergänge an der ventralen Seite der Hauptkammern.
   Man sieht die Kammerwände unmittelbar um die rothgefärbten Kammerhöhlungen herum. Die feinen rothen Linien sind die Porenkanäle.
   Die verzweigten Kanäle in der Zwischenkammermasse sind grün dargestellt.
- 4. Ein Längsschliff, 150 mal vergrössert, in welchem links Abtheilungen zweier übereinanderliegenden Kammerschichten aus dem centralen verdickten Theile einer Schale dargestellt sind und rechts die grössere Hälfte einer Windung, welche Hauptkammern und abgegliederte Nebenkammern enthält.
   a Keimkammer.
   b zweite Kammer.
   c konkav-konvexe Kammern der ersten Windung.
   d Kammern einer Schicht, welche über der Keimkammerschicht liegt.
   e Hauptkammern.
   n abgegliederte Nebenkammern.
   Die Zwischenkammerkanäle sind grün, die Kammerhöhlungen und die Porenkanäle roth gemalt.
- 5. Querschliff einer Heterostegina curva, 150 mal vergrössert.
   a Keimkammer.
   b, c, f, h, i, k, l Kammern, welche in der Ebene der Keimkammer liegen.
   d d Kammern in dem mittleren dickeren Theile der Schale, welche über der Keimkammer liegen.
   Die Kammerhöhlungen und Porenkanäle sind roth gemalt, die verzweigten Kanäle grün. Die zarten Linien, welche der Grenzlinie des Schliffes ungefähr parallel laufen, stellen die Anwachsschichten dar.
- 6. Vier Porenkanalschläuche, durch Entkalkung freigelegt, 600 mal vergrössert.

K. Moebius Foraminifera von Mauritius. Taf. XIII.

K. Moebius del W. A. Meyn lith.

Rotalia Defrancei d'Orb.

Fig. 1 u. 2. Die linke Seite der Schale verschiedener Exemplare, 20 mal vergrössert.
- 3 u. 4. Die rechte Seite der Schale verschiedener Exemplare.
- 5 a b. Querschnitt-Umrisse zweier Exemplare.
   l linke Seite.
   r rechte Seite.
- 6. Längsdurchschnittsbild, 200 mal vergrössert, nach mehreren Schliffen gezeichnet. — Die Kammern und Porenkanäle sind roth, die verzweigten Kanäle grün gemalt.
- 7. Querdurchschnittsbild, 150 mal vergrössert, nach mehreren Querschliffen gezeichnet.

Moebius Foraminifera von Mauritius. Taf. XIV.

Moebius del. W. A. Meyn lith.

GPSR Compliance

The European Union's (EU) General Product Safety Regulation (GPSR) is a set of rules that requires consumer products to be safe and our obligations to ensure this.

If you have any concerns about our products, you can contact us on

ProductSafety@springernature.com

In case Publisher is established outside the EU, the EU authorized representative is:

Springer Nature Customer Service Center GmbH
Europaplatz 3
69115 Heidelberg, Germany

www.ingramcontent.com/pod-product-compliance
Lightning Source LLC
Chambersburg PA
CBHW052136100426
42873CB00018B/419